[法] 露西·伊利格瑞 著

张念 译

Luce Irigaray

性差异的
伦理学

南京大学出版社

Éthique de
la différence sexuelle

Originally published in French under the title *Éthique de la différence sexuelle*,
Copyright © 1984 by Les Editions de Minuit
Simplified Chinese edition copyright © 2022 Shanghai Sanhui Culture and Press Ltd.
Published by Nanjing University Press
All rights reserved.

封面画作为《黑色鸢尾花》，作者为乔治娅·欧姬芙。承蒙大都会艺术博物馆授权使用。
Cover illustration: *Black Iris* by Georgia O'Keeffe

with respect to 69.278.1, Georgia O'Keeffe (American, Sun Prairie, Wisconsin 1887–1986 Santa Fe, New Mexico). *Black Iris*, 1926. Oil on canvas, 36 in. × 29 7/8 in. (91.4 × 75.9 cm):

The Metropolitan Museum of Art, New York. Alfred Stieglitz Collection, 1969 (69.278.1)
© The Metropolitan Museum of Art
Image source: Art Resource, NY

版权登记号：图字10-2021-546号

图书在版编目（CIP）数据

性差异的伦理学 / (法) 露西·伊利格瑞(Luce Irigaray) 著；张念译. — 南京：南京大学出版社, 2022.2（2022.10重印）
ISBN 978-7-305-25204-4

Ⅰ.①性… Ⅱ.①露… ②张… Ⅲ.①性别差异—伦理学—研究 Ⅳ.①B844

中国版本图书馆CIP数据核字(2021)第257587号

出版发行 南京大学出版社
社　　址 南京市汉口路22号　邮　编 210093
出 版 人 金鑫荣

书　　名 性差异的伦理学
著　　者 ［法］露西·伊利格瑞
译　　者 张　念
策 划 人 严搏非
责任编辑 郭艳娟
助理编辑 刘慧宁
特约编辑 段秋辰

印　　刷 山东临沂新华印刷物流集团有限责任公司
开　　本 889×1194 1/32　印张 10.5　字数 156千
版　　次 2022年2月第1版　2022年10月第2次印刷
ISBN 978-7-305-25204-4
定　　价 58.00元

网　　址 http://www.njupco.com
官方微博 http://weibo.com/njupco
官方微信 njupress
销售热线 （025）83594756

版权所有，侵权必究
凡购买南大版图书，如有印装质量问题，请与所购图书销售部门联系调换

目 录

I 译者导读

001 英译者前言
005 前言

I

009 性差异

031 女祭司的爱欲：
读柏拉图《会饮篇》，"狄欧蒂玛的话"

049 空间，间距：
读亚里士多德《物理学》

II

083 自爱

101 惊奇：
读笛卡尔《论灵魂的激情》

117 封套：
读斯宾诺莎《伦理学》，"论神"

III

135　同一之爱 他者之爱

161　性差异的伦理学

IV

181　他者之爱

203　不可见的肉身：
读梅洛-庞蒂《可见的与不可见的》，
"这交错—这交织"

251　丰饶的爱抚：
读列维纳斯《总体与无限》，"爱欲现象学"

293　译后记

译者导读
性-差异：男人女人共通的栖居地

新生命来到这个世界，人们提出的第一个问题就是"男孩？女孩？"，确认之后，一套男女有别的文化建制就开始运作起来。这提问究竟是个体意义的，还是伦理层面的？都不是，是生命关照的自动反应，即伊利格瑞所说的本体-本原层面的。在西方哲学传统中，存在论关心的是大写的"一"（ONE）如何存在的问题，然后才是可见世界的分殊，性别就成了认识论层面的二元性问题——当然得益于20世纪勃兴的性别研究。第一哲学即形上学为万物如何如此这般而奠基，在这样的传统中，性别被排除在哲学问题之外。那么注重伦理生活的中国传统，性别问题在古老智慧的发端处即赫然显现，《中庸》有云：夫妇之道肇端乎伦理。仅从字面意义上而言，这句话大概可以呼应伊利格瑞的女性主义哲学的内核。之于我们，开启伦理之道的夫妇同时与其他四伦并置，即君臣、父子、兄弟、朋友，全是男人之间的关系。我们知道，在整个古代社会的生活经验之中，夫妇之道承纳阴阳二极的宇宙观，生命诞出自一个原初的伦理实体。那么什么是女人？"阴气盛女出"，阴为隐，为内，为不可见，而可见的"女人"只有妻子（妾）和母亲（女孩-姐妹初潮便嫁人，就女性成人世界而言，只有妻和母），在家（家族和宗族）的共同体之内，她们则成了内部的内部，即"家"之中的内帷。以父系为轴心，血亲和伦理身份是第一层包裹，而内帷这一实存的物理空间则是第二层包裹，内帷空间就是女人的身份认同。把女人一层层包裹起来，要看护的也是要禁闭的究竟是什么？另外，如何讲述"缠足"的故事，用女人自己的嗓音？所谓齐家治国，家与国在同一逻辑层面，没有像古希腊那样做出家与城邦的划分，所以亚里士多德才说："人是政治的动物。"即没有城邦（政治），人和动物没什么区别。传统中国人会说，没有"家"，人如禽兽。我们的传统智慧就本体层面而言，事物的来处是"二"——伊利格瑞的核心哲学术语,以此质询大写的"一"——如古希腊哲学所理解的那样。

当然,无论西方本体论路径,还是中国的伦理路径,什么是夫妇之道?同样取法自然(宇宙论),这依然是形上学的,不同的是,后者没有逻各斯为中介,直接化成为夫妇屋景?如果不是,那是形而下的生殖本能,动物也生殖,把我们全部的伦理原则奠基于动物本能,似乎很矛盾,因为生殖的动物没有"家"。那么夫妇指的是什么?在伦理发生的现场,那开天辟地的第一对"夫妇"如何表征?是抽象的阴气和阳气?用伊利格瑞的话说,本体论也好,道德哲学也好,都是一副嘴唇在说话,全部都是男人的嗓音,阴性-女人的另一张嘴,即阴唇,是静默无言的。那么如何让女人的两副唇一起说话,这是女哲学家伊利格瑞一生所致力的学术志业。

因此,我们可以把《性差异的伦理学》读作对"夫妇之道肇端乎伦理"这一命题的哲学思考。伊利格瑞通过追踪六位男性哲学家——柏拉图、亚里士多德、笛卡尔、斯宾诺莎、梅洛-庞蒂以及列维纳斯——的文本,以身体线索的五个纽结构成五个重要议题,这包括:爱欲、空间-处所、激情、自我-包裹、不可见性和他者，我们发现，主题层层递推，最后抵达伦理现象学大师列维纳斯的话语场域。而列维纳斯的伦理学独特性在于，从爱欲现象去思考神秘的"他者"，即被爱的女人，这样一来，一桩关于"女性之谜"的哲学公案——东方/西方都如此，如何内在地支配着伦理学中不言自明的（道德）主体性原则，"他人即地狱"对应着"女人即深渊"，这个内隐的"内帷-女人"终于露出峥嵘之貌。对此，西方压制排斥——逻辑上的第二性；东方隔离锁闭——内帷的分而治之。从发生形态学而言，同样都是对本原的摹写：一个是柏拉图的洞穴说；另一个就是《道德经》里的玄牝之门。一个是子宫形象，为真理-知识的洞外世界打底，本质（是其所是）取代本原；一个是阴户形象，此形象经过儒家的再次摹写，形成道德位序这一超稳定结构，得其位正，是其所是，给生命以意义，并规范行为秩序，范导利益分配，形塑情感体验。从精神分析而言，摹写（语言-符号象征系统）基于恐惧，知识（主体）和道德（主体）筑起安全防卫的栅栏，那么恐惧什么？什么被拦截过滤掉了？正是这恐惧无意识激发了科学理性和道德理性定秩的雄心。

性差异的拓扑图型

现代秩序的维度包括：人与神、人与人、人与世界，分别指向神学、人道主义、科学理性，这几乎也是整个近现代西方哲学史不同阶段的不同主题，而从伦理学的角度要厘清的是关系问题：谁和谁的关系？谁主导的？是谁在定义谁？以什么为中心？地心说还是日心说？主体哲学还是客体哲学？科学史哲学家米歇尔·塞尔（Michel Serres）认为，也许都是，不管怎样，新事物不断涌来，指引着未来。[1] 而今世界秩序的瓦解被体验为既有伦理的失败，大地似乎摇晃起来。如果还将伦理理解为我们所熟悉所信靠的那种秩序井然，伊利格瑞认为这样之于现实的骚动于事无补，而是应该拿出更大的伦理勇气，去勘探井然有序的生发之地（故事）。在那里，险恶的躁动带来生也带来死，只有穿越这样的两可局面，重新去问：阴-阳是如何相遇的？怎么在一起的？在一起的样子是怎样？也许新的伦理图景——是的，我们中国人说的位

---

[1] 米歇尔·塞尔：《生地法则》，邢杰、谭弈珺译，中央编译出版社，2016年，第45页。

序结构不也是一种拓扑意义上的地形图吗？——会增添新的定位元素（local），在地化不应该是总体性之下的特殊性调试，或文化上的多元主义——姿态上的礼貌而已，而应该是场所论（topology）意义上的重新定位。《性差异的伦理学》正是从性/别本体-本原层面，思考其失败的原因以及重建秩序的可能性。

在现代性批判错综复杂的谱系里，女性主义如果要向世界宣示新的价值，思维活动的枢纽依然是主体性批判，那么首要的工作就是重新绘制那"得其位正"的新拓扑。作为精神分析师，伊利格瑞在主体考古学方法的推动下返回哲学诞生的现场，展开其他男性思想家疏漏的地形丈量和定位工作。再者，作为女性主义勘探者，身体不仅是存在主义式的处境意识，以及现象学眼光里的知觉中心，如梅洛-庞蒂，而是将已然性别化的身体当作不可还原的第一原则，拒绝"女性性态"和男权中心话语的关联，发明并践行一种与逻各斯附件相区别的女人性（feminine），如黑格尔动态逻辑中的否定性元素。那么女哲学家会在两个层面遭遇思想的难题（aporia）：一个就是对应男-人类（hu-man）的本质主义嫌疑；另一个就是伦理实践的不可能性，正如拉康所表达的，理型化的男性气质和女性气质代表两个极点,那么性关系就是不可能。作为哲学家,伊利格瑞当然清楚这样的风险,我们首先来看看她无畏探索的出发地,这就是她的博士论文《他者女人的窥镜》(*Speculum of the Other Woman*)[2]。

正是伊利格瑞之后,摆在女性主义理论面前的核心议题是:如何让"女人"开口说话,如何发明一种"女人的再现"(female representation)方式。这和福柯发动的对话语高地的争夺战不同,我们知道,后者在社会实践层面表述为身份政治。因为所有正义话语的面具背后,都接受逻辑同一律的支持,而同一律在柏拉图那里,被形象化地表述为"洞穴之外"的理性之光。而"感官世界"要到现象学出现之后,这个被废弃的基地才显露其峥嵘。

《他者女人的窥镜》做了大量的拓扑工作,这始源的图型就是柏拉图的洞穴-子宫。洞穴不是哲学史告诉我们的寓言,洞穴故事进行了双重的摹写,一个是戏剧(行动),一个是投射(理念)。前者关乎对行动的模仿,后者关乎"大写的理念窥镜"对母性-始源位

---

[2] 首次出版于1974年。有中译本《他者女人的窥镜》,屈雅君等译,河南大学出版社,2017年。另译《别样女人的内视镜》,我更偏爱这个译法。

置的篡夺以及颠倒。伊利格瑞通过重读柏拉图的洞穴说，列出了自己的拓扑图型，与柏拉图"洞穴说"的地形定位点相对应：投射墙/子宫后壁，洞内矮墙/隔膜，处女膜，朝向洞外的通道，那个斜坡/宫颈管状物、阴道。亚里士多德说戏剧是对行为的模仿，看起来（looklike）像一次真正的行动，这行动不是对理念的模仿，这行动是生命的孕育过程，是鲜活的创生行动。我们知道剧场是古希腊人重要的生命空间之一，和广场集市（agora，民主）、神庙、家庭并置。伊利格瑞将这生命空间再次还原，那看起来像的，究竟像什么？这个什么才是本原。对于男性接生婆、产科医生和哲学家而言，这洞穴里的生命创生戏剧被改写成那个理念的脚本，就是说经由 logos 的编排——在古希腊哲学家泰勒斯那里，logos 最初的含义是指两个比例及其等式——在洞穴-子宫-母性场所上演了，变化行为的过程被化约为一个等式，这个等式告诉我们：思维和实存的同一性。因此，这个秩序是这样的：先有洞外煞白的理性世界，然后才是生活世界的幻影流动；先有哲学家，才有在洞内深处被捆住、跪在地上的无知的"囚徒"。伊利格瑞的问题是，不可能像康德那样懂得游泳的知识就一定会游泳，或者一定要先知道妇产科知识才会生小孩?

那些只能看到投影-幻影的囚徒,背对两种光线,一个是洞内火把——据说是智者们的无聊意见,一个是洞口外的理性之光,这是双重否定的辩证法。伊利格瑞设想,这个走出洞内的囚徒必须彻底遗忘洞内的幻影,那些曾经存在过的痕迹,那些恐惧无助、因理性匮缺而导致的哑口无言,那试图站起来的勇气、力量、生长的挣扎被遗忘,彻底遗忘是为了更好地记住同一性的真理,而所有的当下(present)必须被表征-再现(represent)掠走:

> 这种思维转向暗示了一种跳跃、错误与滑动,这里充满危险。一个人可能丢失其视觉、记忆、语言和平衡,他通过一个单行道,否定了所有关系的枷锁和所有颠三倒四,他甚至敢于在颠倒中移动,但他是在生死之间徘徊。这里有足够的理由说明那个囚徒现在被翻转过来了。[3]

和洞穴-子宫的分离,这是生命的第一道伤口,就理论而言,这"颠倒-翻转"的后遗症要蕴集千百年,

---

[3] 露西·伊利格瑞:《他者女人的窥镜》,屈雅君等译,河南大学出版社,2017年,第546页。

这个个人才走向了弗洛伊德医生的诊疗椅榻,重新捡起"母亲"的记忆,理性父亲不可能单独抚育这个"私生子"。[4]

当然分离不可撤销也不可调和,在科林斯的俄狄浦斯王最终还是成了一个疯疯癫癫的老头,但他的坏脾气使他更加确信的是:要一切,不放弃任何东西。"错误的必然性"尽管被黑格尔放入辩证环节,但他的辩证法依然是个封闭的环套,其开创性的意义在于"此时此地"才是开端,主体就在我们自己的脚下,现在所站立的地方,不在洞外,也不在天上。但是,伊利格瑞不满意黑格尔之后的哲学家——包括尼采和海德格尔——仅仅撞开了"生活世界"的半扇门,通往那曾被废弃的地洞。洞穴故事的错误不是逻辑层面的环节性中介,这错误在于"差异的渎职"。

因为透过理性窥镜所绘制的洞穴-世界图式——伊利格瑞将其比附为妇产科的医疗器材,一种凹镜——只是看起来像,依然是种投射,与那囚徒看到的洞壁投影不同的是,平面投射的对称性消

---

[4] 德里达:《khōra》,《解构与思想的未来》,夏可君编校,吉林人民出版社,2006年,第274—275页。

失了,深远取代了清晰,更何况自恋原型故事中的水中倒影始终是不稳定的。但哲学敌视歧义和模糊,并和神话思维彻底决裂。就感觉而言,凹透镜真正的力量在于梦想和幻觉构成了我们信念和判断的背景,[5]那些被废弃的地基踪迹不可抹除。并非要回到另一种起源,要么洞内要么洞外,而内外之间的洞穴自身却被遗忘了,洞穴自身是可思的吗?这处所是空间还是质料?无论主体-(女)他者谁占有逻辑的优先性——萨特处理的问题——伊利格瑞毅然决然地跳出主体论的封闭回路,大胆构想别样的主体图式。如果同一性往往被同化(assimilation)所敷衍——如"女性解放"所遵从的男性脚本——尽管行进了200多年的"女性解放"带给世界的自由果实有目共睹,那么在此基础上,还可以行进多远?

有没有另外的拓扑,这图型尊重差异-间距,非线性、动态的,没有二元对立,或因惧怕不确定性而抑制本体性的差异运作,伊利格瑞说,有的,这就是

---

[5] Dylan Evans, *An Introductory Dictionary of Lacanian Psychoanalysis* (London: Routledge, 1996).
见词条"mirror stage",镜像是人才有的幻觉,6—18个月大的婴儿和同龄黑猩猩的不同,后者对镜像不感兴趣,小婴儿会兴奋。当然拉康的镜子阶段,是为他结构性的象征界做铺垫,言辞-概念是成年人的镜子。

《性差异的伦理学》讲座提出的重要议题：间距-封套的运动。运动场所，存在论意义上的所是之所，在 be-tween 这里，贯通起存在论-主体论-伦理实践。由此前提是：认识二价转换成主体的"二"，这个"二"，这总是相异的存在，被标记为男主体和女主体，并在男主体-女主体之间，经由爱欲活动的实践智慧——这里指波伏娃曾提到的妇女解放不会抹除"性吸引力的光芒"——"女性解放"改写为"性态解放"（sexuality liberation），那么她尤其强调开口说"我"（I）时，无论男女，这必须意味着：1. 我（逻辑主格）是性别化的（sexuate）；2. 只有我的内在性朝向他者，我才能被激活，而不是简单被外部世界所规定；3. 我是神秘的，你也是，这使得主体间性免于所谓中立的匿名性命运。[6] 在此，千人一面的"我"作为知识主体，其所从事的认知活动，所依赖的范畴形式，无法回指自身，这就是黑格尔对观察理性的质问：那个观察着的"我"如何得到思考？尽管主/从意识

---

6 Luce Irigaray, *To Be Two* (The Athlone Press, 2000), p. 39.
此书初版于 1994 年，可见伊利格瑞的理论尺幅更加深广了，尤其是对民主政治的思考，如《民主发端于二之间》（1994 年），她同时还是意大利及欧洲左翼青年运动的推动者，她的"封套-空间"理论还影响了当代建筑师的设计理念。

似乎破解了这个难题,但是作为知觉中心的身体,黑格尔从未谈及。从根本而言,存在论无法摆脱"身体"的在场,而身体恰恰是文化／自然,主观／客观,我／他共在的场所,除了生理层面的,这身体还是心理的和意识的,那么意识哲学在其逻辑起点上就无法回避性／别。意识活动的动力只能来自差异,这差异除了黑格尔说的时间基座,萨特提到的我-他,在具体而鲜活的生命这里,在身体处境中,女性主义观察到意识栖居之所已然被性／别区分开来了。生命自行携带的差异性,为我们一般意义上的理性交流和对话准备了裂缝,因此"我"从出发点开始必须是二相的,在反思之前,既是言说者,又是倾听者,既是信息发送者又是接受者……"我"处在一个漂移的位置上,那么一般的规定性,尤其伦理行动和政治活动的规定性究竟是指什么呢?

性差异为什么是根本的?

人人都在说"我爱你",但伊利格瑞从她主持的言说考察项目中发现,女生组更喜欢使用"你爱我吗?"这样的表达,她意识到女性经验的特质是,喜欢把

"你"摆在主格位置,这往往被性别文化隐秘操作为:女人更懂爱,女人更具奉献精神,女人是人类情感的温柔护士等陈词滥调。赞美还是囚禁?从"我爱你",到"你爱我吗?",陈述从肯定命题变成疑问句,如同爱的律令在不同语境中,被女人胆怯地表述为犹疑、邀约、反诘和祈使,但伊利格瑞认为这还不够,因为爱作为动词,不仅主语是问题成堆的地方,连宾词"你"同样也不能幸免。即使当男性哲学家如萨特提出,他者的自由才是我的自由,但他依然残留了"唯我论"的悲凉底色——他者反哺主体?——因此才有"人是无用的激情"这样的感叹。而伊利格瑞将女性言说的经验进一步发挥为:I love to you,我是你,你是我,主词和宾格都未得到规定,因此爱欲活动对于双方来说,只有朝向你,我才能爱。这时的"你",在男性哲学家那里,往往被置换成"神格",然而对于爱之中的男女来说,伊利格瑞在《性差异的伦理学》中认为,他们彼此都焕发着"神性"(divinity)。未规定意味着有缺口,哪怕现象学的意向性前提,也如德里达所说的,有个缺口,然后才有定向。因为主动性/被动性太二元式了,伊利格瑞将此推进为,只有敞开/锁闭(海德格尔)双重运动,才能让"你"获得新生。

萨特的难题是身体-意识不可穿透，占有身体这个命题不成立，占有物体（body）或尸体是成立的，因此鲜活身体-意识，即他者的他异性才担保了自由的可能性，即你不是我，我不是你。萨特没错，但波伏娃补充说，这是作为男人的萨特对处境的思考。在赤裸身体这里，人总是已经被性别化（sexed）了，这实存性的差异先于任何文化与自然的对立。在这个前提下，性-差异启动了思维活动，这总是已经被"定性"的差别，其根据是什么？伊利格瑞接受了德里达关于性差异的本体论思想[7]，在差异和表象杂多，差异和外在区别之间做了区分。性-差异的运作，其参照轴本应该是多重的和异质的，然而事情并非如此。经由形上学和认识论的框定，性差异（sexual-difference）在社会再现系统中，服务于中立、中性、客观等知性职能，被统一地表述为性别制度（gender system），以及任何文化形态中的习俗表达。更为不易觉察的是，习俗会内化为个体自以为的自主需求。

---

[7] 德里达：《性差异：本体性差异》，张念译，《伦理学术》总第 009 卷，上海教育出版社，2020 年。德里达通过对海德格尔文本的抽丝剥茧式细读，从本体层面思考性差异，区分性差异的铭刻和作为铭刻标记的性别，他的结论是：差异到来，那么对立也就解体了。

在柏拉图的洞穴寓言中，那站起来走出洞外的人成了哲学家，他的使命是返回洞中，解放被锁链困住的囚徒，这举动被称之为哲学教育，这样的哲学家在政治上被称为哲学王（philosopher king）。而正义的理念正是基于洞内/洞外合乎比例的对称性。女性主义哲学家们则认为这逻辑化的、几何数学化的拓扑对称性其实隐藏着另外的非对称性，移动本身值得思考。

既然柏拉图的拓扑图型是一种颠倒，这颠倒在海德格尔早期的讲座《形而上学导论》中回响，他试图回答：为什么存在者存在而无反而不在，"无"的本质是什么？晚年在《同一与差异》中，海德格尔为传统形上学破题，以存在和存在者的"绝对差异性"命题，将存在引入"生活世界"，指出"差异之为差异"为本体运动机制奠基。伊利格瑞作为海德格尔的优异读者，她将海德格尔关于"绝对差异"的本体性论题导入"性差异"之中，将差异者的差异存在释放到两性的面对面之中，贯通本体论和伦理实践，并以生命的本原活动——性活动和妊娠活动——为原初场景，证成系词"being"的丰富性、开放性及其险峻。

根据实存说法，洞外的真理世界不可见。问题究竟出在哪里？对此，女性主义最早的理论回应，就是波伏娃的《第二性》。这本具有浓厚存在主义气息的经典，完成了一个非常重要的工作，以"实存先于本质"的命题作担保，先把女性在历史和生活中的生命"处境"描述出来——这是海德格尔的术语，指实存论的结构性元素——幸亏有这个逻辑意义上的"先于"，否则女人们根本无法显现，在历史哲学中她们的实存近乎鸡毛蒜皮，因为日常生活是反-哲学的。但波伏娃最后论及妇女解放的时候说，你们剪断了她的翅膀，却责怪她不会飞翔。问题又折回去了，究竟有没有一种可称为"女人性"的本质，显然没有，本质怎么可能是二元的呢？那么"处境"中的女人要"越狱"，这飞翔的翅膀是什么？波伏娃的回答包括她自己的生命践行表明，只能是：像男人那样独立。两个对等-平等的主体并肩而行，但她又告诫女人，不要忘记性差异。这性差异究竟说的是什么？是一般人熟悉的性别制度所导致的表面区别？可这性差异已经被文化整饬为一般意义上的习俗-习惯了，这不正是《第二性》所批判的吗？如果不是文化表征层面的，那么这性差异是指什么？

波伏娃留下的疑难显然重新堕入了柏拉图对称性的圈套逻辑之中，"先于"并没有完全摆脱"本质"，这根深蒂固的"主体"惯性杀了个回马枪,那么拔除"唯我论",女性主义理论会走向何方?虚无或神秘主义?他者的面庞只能盖上知识面纱,但无法抹除。就现实经验而论,解放了的女人不可能完成身体-处境的变性手术——跨性别恰恰是性差异运作的结果,这身体性的差异在《第二性》上卷开篇就被细致地论及,波伏娃把自己放在论争性的层面,驳斥男权视角中女性劣等的生理依据,这张身体-生命图谱有理由让女人说:我就是我的身体。这会被指责为性别本质主义吗?这样一来女权主义面临双重诘难:要么接受主体论,妇女解放的社会成果不言而喻,仅以 gender 为社会批判的方法论工具,以人权为政治正当性的根基已经足够?那么 feminism 就可以抹除了?要么放弃主体论,带着 feminism 这死气沉沉的、被二次谋杀的"女人",重返本体论的发生之地,去侦查源头处那从"娶母"到"弑母"的恐怖生命故事,修复和再造那曾遗失破损的女-主体事件。

伊利格瑞一方面坚持主体性言说的重要性,这来自 gender 的尖利嗓音可以调试和平衡权利的倾斜,就是说那别样的话语仿生学工作从哪里着手?别无他途,重返身体-生命创生的现场。因为身体依然是自然-文化的统一体，同时又是非自然非文化的，《第二性》正是在这个悖论性的身体-处境界面上，通过对女性经验的严密思考，波伏娃难题才终于在精神分析理论中得到一个解决之道。精神分析认为身体有自己的语言，不同于社会的话语系统，如拉康所说，语言是身体的刺青，作为拉康弟子的伊利格瑞补充说，语言形式是一个会"风化的模具"，[8] 尤其在人的交流现场，伦理行动的现场，人有忍受这种痛苦的能力。因此退让-锁闭将男人和女人彼此隔绝，但这里的"隔绝"不是萨特说的"墙"，而是"间距"和"余地"，存在主义的"虚无"在召唤新的可能性。深受萨特影响的伊利格瑞感叹：生命为什么还不如一朵花那样，可以自由地含苞（闭合）-待放（敞开）。

《性差异的伦理学》准备直面-重解"虚无"（nothingness），伊利格瑞从博士论文时期的"洞穴拓扑"转向柏拉图的《蒂迈欧篇》。《蒂迈欧篇》是柏拉图学园晚期的作品，算是首次提及在《理想国》中被

---

[8] Luce Irigaray, *The Way of Love* (London: Continuum, 2004), pp. 171–172. 伊利格瑞强调的是两种风化习俗的区别，一种是在语言-象征系统中人被塑造的模具，一种是在友谊和爱欲生活中，关乎自身的、自己发明的、鲜活的形式。

遗忘的"洞穴"的本来状态。在《蒂迈欧篇》中与理型并置的正是"切诺"（chora），一个既非真空又非具体处所的载体或空间，一个接受者和容器，并和理型一样是永恒的。但这容器无形无性，她是"有"，但又不是理型层面的理念，无从界定，这和柏拉图在该篇末尾谈论人的生命降生时的子宫相似，[9]经由德里达的名篇《切诺》的精彩解读，[10]他认为柏拉图说的"切诺"最好的例子正是"女性存在者"，她不同于理型归因，有自己的理由（理性），否则柏拉图没有道理把她和理型并置称之为永恒的存在。这样一来，让波伏娃始终放心不下的，但又无从安置的"性差异"终于露出其端倪，这次不是存在主义的现象界，而是不可见的实在界。

于是女性主义者将柏拉图这本体层面实在的"载体"与子宫-母性-空间联系起来。在这样的思想背景之下，伊利格瑞重读柏拉图《会饮篇》和亚里士多德《物理学》中有关"空间-处所"的篇章，她发现其中的

---

[9] 柏拉图：《蒂迈欧篇》，谢文郁译注，上海人民出版社，2003年。
[10] 德里达：《Khôra》，见《解构与思想的未来》，夏可君编校，吉林人民出版社，2006年。在这篇著名文献中，德里达重思柏拉图《蒂迈欧篇》中那个令人匪夷所思的希腊词"切诺"，柏拉图认为切诺在创生活动中和"理性"对等，但无形无状，飘忽不定，无从定义。

逻辑短路正是理性自身的界限所造成的，用尼采的话说，真理和真理的位置是两回事。这个位置就是柏拉图谜一般的"切诺"，占有和征用"她"如何成为可能？演证的清晰和结论性断言所倚重的概念体系自身，总在不停地修修补补——哲学史的样貌——由此，伊利格瑞才说，女性主义有必要逻辑地去澄清女人缺乏逻辑这回事。

把柏拉图的颠倒再颠倒一次，离开洞穴是为了返回，对翻转的翻转并不意味着回到另一个起源，起源只有一个，就在此时此地。这样伊利格瑞和黑格尔更加接近了，或者成了半个黑格尔主义者，如其他卓越的当代法国思想家那样，在精神现象学的终末处去迎接新的黎明。女哲学家这次更加小心翼翼，拒绝在场形上学的诱惑，女性主义解救了同一性的羁绊，闭合的环套尽管曾经得到动态的辩证的推论，但伊利格瑞没有止步于此，她拒绝逻辑环套，就必须深入本体论，把在场形上学还原成在场无意识，在那性差异的裂隙处去寻找理论的生机。在亚里士多德的《物理学》中，时间是丈量运动-变化的尺度，同时也被运动和变化所丈量，那么历史终结就是应该采纳这古老的时间定义，当下，此时此地，正是那时间的时间性，塌陷、断裂同时也制造了过去与未来。

性差异只能是本体的罅隙，这哲学事故成就了哲学故事。但切诺依然找不到她的位置，腾出位置不是为了居有（property），是为了邀约一种适宜女人的栖居之地，女人自己的根据、自己的理性。正如阴阳两极，它们是如何吸引的，内外两个面是怎么缝合的，这就是说在二元之间存在一个第三者，第三类存在，才可打通有无、洞内洞外，可见与不可见的，知与无知、爱与被爱、男人和女人之间的阻隔，柏拉图的《会饮篇》认为是爱欲（eros）。爱诺是希腊神话中的小神或精灵，它粗鲁、不修边幅并且无家可归。小爱神是丰饶之神和匮乏之神的孩子，爸爸足智多谋，妈妈是个女乞丐，它是在美神阿芙洛狄忒（Aphrodite）的生日宴上受孕的。它"从母亲那里得来提问的习惯，从父亲那里汲取艺术的技能"。提问就是一种智慧的激情，是过程性，处在无知和智慧之间，倾向和趋附爱神的爱人们，他们是多产的，富有创造力，在爱之中的爱人们没有主动与被动，爱与被爱的区分，有的只是相互的给予。但在对话的后半部分，爱成了"理性的政变"，变成了理念，爱的目的性或者说对象性越来越明显，爱要获取美、正义和不朽，柏拉图让爱神定居于城邦，他在《理想国》里说，一支由爱人组成的军队是战无不胜的，爱神被收编和羁押了。一种互渗互动的鲜活的此刻的爱欲生活，对所有生命来说都是值得拥有，并且是如此紧迫。但爱作为守护神，就这样被对象和目的取代了。

这个不同于爱人们的第三种力量，是无从定义的，正如我们身体中的器官隔膜或保护膜，它们既不是空间又不是器官类的组织物，因此《物理学》里的空间论干脆把柏拉图那说不清道不明的，如小爱神般游来荡去的存在（chora）当作没有生命的质料。而爱神，按照女祭司狄欧蒂玛的说法，是在主体之外的一个绝对边界行动位置，这个绝对才可形成看护的氛围，但这个位置被真理所占有，被爱欲的结果所标记，被另外的第三者即爱欲的结晶——孩子所登录，到《会饮篇》散场，爱神也黯然退去了。

封套：内外之间的男-女栖居地

一个边缘的、富有伸展性的、居无定所的位置，伊利格瑞称之为封套。这个封套的含义大于亚里士多德的空间定义。亚里士多德认为，一物存在必须占有某个空间，或被整全意义上的空间（宇宙，空气）所包裹，一物既在空间（容器）之内，也可与容器剥离。伊利格瑞以性爱过程和妊娠过程为例，她的问题是：女人为世界提供封套——就目的论而言——但不是僵化呆滞的容器，这空间养生、护生，有自己运动变化的理由和根据，封套自身的运动同样会具有空间性，运动自身同样具有善的目的。亚里士多德在《尼各马可伦理学》开篇就列出两种伦理的至善：一个是活动以外的产品，另一个就是活动（积极生活）自身。

这奇妙的封套既可在事物之内，也可在事物之外，可内可外，空间的空间。她必须是她自己的容器，她是质料又是形式，作为存在物，在话语系统中还找不到她自己的位置。她吓坏了，会慌乱地随便捡起外在的事物当成自己的封套：一个家，一个丈夫，一个孩子，还有美丽的华服，错乱从此绽出。从伊利格瑞的空间论来说，女人自己就是封套，那子宫那阴道，包裹孩子包裹男人，但作为事物而存在的封套有别于亚里士多德所说的占有一处的物理空间，那可计算的容积是静态的，只有运动时直上直下的，没有封套的舒张或收缩。亚里士多德顾此失彼，事物作为整体的一部分，它的变化似乎是单独完成的，这变化并不涉及空间-封套自身的改变。物理学意义上的空间概念无法解释封套的变化和运动,伊利格瑞引入精神分析概念,小孩将妈妈想象为阳具母亲,阳具-母亲可以理解为那整全的事物,用亚里士多德的话说,是包裹万物的宇宙,欲望层面表现为被全能所覆盖的"绝对快感"(jouissance)。然而出生的事实制造了阉割的始源创伤,脱离母体进入外部的世界,从此这忧伤的记忆-伤口,仅仅依赖于语言符号整饬抚平,但是身体和语言的间距无法克服,这间距在伊利格瑞看来,正是为欲望的运作提供了条件,而非亚里士多德所认为的那样——事物的空间边界正好与形式(概念)的边界吻合。对此,伊利格瑞才说:物理学家大多是形上学家。

而从女性主义的角度来看,这被征用的呆滞母性-空间外翻成"一"的形象,世界就成了子宫-封套的模本,而母亲-女人自己则成了被废弃的生命基地。这样一来,这基地,这载体,那说不清道不明的希腊名字"切诺",在女性主义的视野中有了自己的运动图谱,其拓扑标记包括:隔膜、黏液、膜状物、多孔性组织、皮肤,她们既非质料又非形式,这些标记本身就是生成者,都无法用确定的点、线、面绘制。德里达说，这名字要找到自己的位置，但她并不是要求偿还。小爱神被城邦正义所羁押，这亏欠不需要清算，而是要找回那个更本原的位置，"母亲"自身的在想象界的镜像是怎样的？如果不从小孩的视角看，其实《物理学》中有关运动的论述已经给出了另外的视角，只不过需要修复与再造而已。

所以，自爱在女人这里成了一个难题，那本原的封套运动建立的是与多重他者的联系，经验之中，女人一自爱，她就被劈成无数瓣，她无法从原子-个体那自得圆融的意义上闭合自身，自爱会牵扯太多的伦理愧疚，本质上的多元就会来捣乱。如果有本原的最佳范例，伊利格瑞说只能是性爱活动和妊娠活动，男人和孩子在女人的身体之中，这是与自身同一的始源场景，这非自身的存在被体验为亚里士多德意义上的"物体和封套-空间"同一性，但亚里士多德又说，作为容器，物体可以和她分离，物体在哪儿，空间就在哪儿。这下女人就会发慌，她的同一性无据可依了。

但伊利格瑞认为，封套一定是运动-欲望的朝向，因为她深藏间距的秘密，用波伏娃的话说，女人一生都在和自异性（self-alter）问题相处，就她们的不同生理-生命阶段而言，她有初潮、乳房隆起、月经循环、怀孕、绝经等生理现象,这些生理现象使得女人的身体如一台生命-生成-自异又自洽的装置,这恰恰是其道德优势的现象学还原,饱含对他者的深切领悟(apprehend)。那么性爱活动不可能像人们所认为的那样,谁占有谁,谁依附谁,谁控制谁,而是一种相互的缠绕与包裹。另一种翻转,"是他将她放进自己的身体里,放进广袤的宇宙,把她从其所依附的狭小境地中解放出来",他的手和阴茎是道成肉身的表现,性活动在此时是开放的系词,being 的鲜活性就是男人为女人提供的封套,如尼采所喟叹的那样:我终于变成了空间,谢谢你接受我,我的灵魂。尼采后来自认为自己携带子宫,哲学的生产性难道是一场爬回"妈妈"肚子里的撤返-回归行动。怀旧是伦理错误,是的,道成肉身的男人让性爱富有神性,而一般意义的母性-母爱是神圣爱欲的额外注脚。我们发现,女人在家里,阴茎在身体里,小孩在子宫-母亲怀抱里,这一套方位图完全不同于男性哲学家爱欲现象的方位图。

这样没有理由如弗洛伊德所断言的那样:小女孩相对于小男孩,道德性(社会化)有所匮缺。如果爱欲图式是在相爱者的结合模式中得到理解,而不是在由男性所书写的欲望符号中，强迫女人如男人那样去欲求，女人就没有理由张皇失措了。

自爱被等同于自私，此处不宜栖居。那么爱-他者，这传统中女人之女人性，即柔巽，是否就避免了这个难题呢？不可能，因为没有自爱，我们不知道女人是作为什么去爱他者，她无立足之地，就伦理而言，关系就无从说起。

伊利格瑞认为这困境在于，男人原子般的自爱-自闭症不可能在爱欲关系中为女人提供封套，家四壁合围，作为他的私有财产，没有通道抵临他者。要偿还的倒是那被霸占的封套-伦理空间，男权-理性的自闭空间如何为我们，为女人提供适宜男人-女人一起栖居的世界，那么伦理关系就应该是一种可逆的双向维度：同一之爱／他者之爱，男人和女人彼此相互包裹。

这样一来，训练有素、成果累累的现代性批判，尤其在原创性男性哲学家那里，正如海德格尔和萨特彼此不满，其扭结在于"存在"自身怎么来到人们中间，这是女性思想家最为敏感的问题——如汉娜·阿伦特的命题也是对海德格尔的提问，新生命来到人们当中——女性主义思想家无论波伏娃还是伊利格瑞，她们都认为"新生命"诞生的秘密在"男女关系"之中，波伏娃解决"做女人"的问题，出发点是身为女人的处境意识，但"处境"如萨特形容，是黏液、模糊、混乱不清，可他止步于这种开放的他者-自由，在身体差异的实存性面前绝望地退却了。那么"身为女人"去"做女人"，波伏娃给出的女性自由是存在主义的，就是说在萨特主体-他者自由模板上，增添一个女人的面向。对此，伊利格瑞继续推进，她将 in-itself-for-itself 连读，自为地去自在，或自在地去自为，朝向"你"，彼此进退伸缩。既然存在主义告诉我们，男女互为他者，那么让男人-女人去做（faire）他者的他者，这个"做"同样没有对象，也没有目的，即萨特在《存在与虚无》中提及的"存在的自由"，区别于康德的"作为理念的自由"以及黑格尔的"客观自由"。"存在的自由"尽管在某种程度上解放了"他者-女人"，但萨特虚化了女性-他者的实存，执念于意识-实存的分裂，重新退回到"孤独-男人-个体"的忧伤容器里。于是《性差异的伦理学》在检阅了笛卡尔式的经典主体论之后，针对当代思想提出一种有关激情的伦理学。

爱欲：作为不可败坏的伦理责任

伦理学遵从规则，但始终不能克服这样的难题：他者之谜，即我如何能够感觉到接收到他人的感觉，他人对我来说如此不可捉摸，那么，我与他人的关系是基于什么立场而被规定的？当然，康德说基于理性，黑格尔会说逻辑回望的那一刻纯粹的个体才被看见，福柯接着提问，你的先验理性也是历史性的。

因为任何活动的发端，如爱欲活动，首先撞上的是如何相遇的问题？正是在这一问题上，伊利格瑞和其他激进思想家产生分歧，比如巴迪欧在《爱的多重奏》中就认为，爱欲活动没有任何伦理价值，两人"相遇-相爱"太偶然了，这个回答不能令人满意。如果哲学的雄心是要巡视一切经验，那么偶然性如果不从逻辑学来考察——如黑格尔所做的那样——在现象层面、经验层面、感知层面，怎么能够用"偶然的神秘"来打发掉呢？

当人们热衷于谈论主体间性（intersubjectivity）的时候，伊利格瑞总是紧紧握住爱欲活动这一普遍的生命经验，将其改写为 inter-subjectivity，偶然的必然性就发生在 inter/interval，就在那儿，只不过更多的时候,"我"惧怕并且拒绝承认主观性,乐于接受外在规范的浇铸,哪怕主体间性会被流俗的相互理解、互惠活动、共同拥有之共识所征用-填满。说到理解(understanding),尤其在女人这里,提及和"女性解放"相关的主体性时,依然遵循的还是归纳和演绎的法则。但是理解并不等于交流(communication)的实现,伊利格瑞喜欢用 dialogue 取代 conversation,前者至少保留了辩证(dialectic)的意味,但不是主/从意识的辩证运动,因为黑格尔的前提是普遍的个别性,并且需要第三个中介元素的介入,比如城邦的法。而爱欲活动没有第三项来中介。仅从字面意思来看,"相遇"(en-counter)也是意味着没有任何谋划(project),爱欲活动在相互吸引的那一刻就发生了,正如萨特描述的"出神"或"出离"——这为爱侣之间彼此的开放做好了准备——从哪里"出离"?就是从日常理性的主体状态中,从"路人""常人""任何人"的普遍的同一性之中"绽出"[出神,狂喜(ecstacy)]。伊利格瑞认为,恰恰是这个出神,为男人女人彼此给出了相遇的空-间状态,在这里,任何前提性的认知对象消失了,主动性/被动性的区分失效,生命的知觉和感触才可以蓬勃起来。此时此地，注意力的发生、相互吸引的力（force）以及彼此在心中对经验的确证——我能感觉到你的感觉，反之亦然——我们很难断言这一切究竟是主观的还是客观的。

如果认知的主-客关系绑缚了我们的直觉和感觉，那么有没有可能重新回到话语之前的"感觉摇篮"，回到感官层面。比如可见性，当然这是一个模糊的地带，视而不见不是矛盾性的表达，而是说"视"与"见"的间距制造了看的活动。看的活动过程中交织着很多晦暗不明之物，这不同于和直观紧紧跟随的表象，看到某物脑子里马上弹出一个简单的概念，这是什么什么，知道这什么的什么，就是"见"，"看"仿佛就完满了。

如果没有概念呢？你看到一个叫不出名字的存在，这时"看"大于"见"，所以梅洛-庞蒂才把看的目光称之为一种触摸，比如有人从背后看我，脖子或后背会有感应，但你看不见背后那人，他人的看不可看，但可感触。这感触是沉默的经验，不可见但可感触，而可见的随着声响而言，一个言说的声音，一个能够发出声音的词汇。他者是无名的，但我能感受到他者的触摸。

弗洛伊德说，身体有自己的语言，然而倾听身体的言说，不仅仅局限于精神分析的小黑屋。伊利格瑞建议男人们重新找回自己的"身体"，她给出的两个范例是梅洛-庞蒂和列维纳斯。

感触的中心是身体，但身体又是可见的、完整的、不可渗透的、占据空间的外延，这让萨特恼怒的"为他（for other）的身体"，顾此失彼？那么身体的语言就变得神秘了，需要破译？女性主义会说：赤裸身体铭刻着差异，在呼告"语言和身体的婚恋"。

在这个是否需要破译，是否能够得到理解的节点上，伊利格瑞和梅洛-庞蒂产生了分歧。她认为梅洛-庞蒂没有彻底根除目的论，他的现象学还是在为这个以视觉为中心的主体服务，或者是某种艺术现象学，比如我们常常听到的这句话：这幅画我看不懂，或我看懂了。

正如直观要去跟简单的概念汇报，梅洛-庞蒂的感触须向可见性靠拢，尽管他说的可见性是鲜活的、开放的，这里存在两次扭转：他人的看被我的脖子知觉到，感触是无言的，但脖子是身体的一部分，我的身体知觉到了他人的看，脖子发热的知觉，发热当然不是被动性的物理反应，这里不是说目光带有温度，而是强调身体感应和身体知觉的奇妙。这知觉还不是概念,是身体的一部分,那么可以说,我知觉到了一种不可见的可见性。体验依然为意义的更新服务,他者为我而在。

当然脖子背后那不可见的可见性,有其重要的伦理维度,正如神的凝视,良心接收到会不安。看是包裹和触摸,但这依然是超越性的触摸,从性差异的角度说,还不够"现象学",还须进一步还原:一种是母亲产前凝视的位置,她和胎儿的交流,在彼此的不可见性中看见彼此;另外这神性触摸就是爱人们的触摸,爱人的爱抚,眼睛看不到爱抚,爱抚只能感触不可看。爱抚为我们彼此的身体塑形,爱抚这肉身的差异,而不是看,爱抚把彼此变成那个完全不同于俗见中的、曾经被看-见过的男人和女人,这感知经由差异而生产差异,彼此不同,进而与自身不同。

如何建立起与他者的关系,梅洛-庞蒂的分析非常的精微,他者如光或电流,刺激我的身体,这和笛卡尔的惊奇类似,每次相见都如初相见时的雀跃,新颖带来激情。但笛卡尔的激情还是有条件限制的,要足够新奇,伊利格瑞认为还是残存主体判断的残渣。尽管梅洛-庞蒂无比感激他物或他者的馈赠,卸下主体的傲慢，去探究可感世界的知觉逻辑，"这种逻辑既不是我们的神经构成的产物，也不是我们的范畴能力的产物，而是对一个世界的提取，我们的范畴、我们的构成、我们的'主体性'能够阐明这个世界的框架"。[11] 既非生物性的，也非知识性的；既非生理冲动又非伦理规范，这逻辑或者如胡塞尔所言，"纯粹感觉"需要另外的核定标准，需要被言说，但伊利格瑞认为这还是男性主体的升级版本，因为感觉不可对象化，梅洛-庞蒂自己也说，意向性依然有对象，内在心理对象依然是对象，至少有种倾向之姿先于感觉。有彻底摆脱主-客体的活动吗？伊利格瑞说有，比如性爱活动，感觉处在内外之间，他在我的身体之中，而我在他的怀抱之中，内外缠卷，在差异的间隔中保持连续性。因此，激情不是瞬间的事物，它具有连续性，而只有差异能够做出这样的承诺。这差异如梅洛-庞蒂所说的肉身漩涡，意识和实存，时间性和空间性相互包覆、渗透和缱绻，这形象才是伊利格瑞要伸张的爱欲现象学，肉身漩涡不可让渡。伊利格瑞振聋发聩

---

11 梅洛-庞蒂：《可见的与不可见的》，罗国祥译，商务印书馆，2016年，第316页。

地说，神用肉身来爱我，爱人的手靠过来了。

触觉就是触觉，不可被视觉取代，它们之间没有互逆性。伊利格瑞顺着性差异的路径走到列维纳斯《爱欲现象学》的文本中，这里有爱抚，但让她不满的是：爱抚中显现的是被爱的女人，被爱的女人在虚弱中升腾起他者的神性光芒。如何感知他者，列维纳斯认为，只有爱欲彻底地丧失对象的时候才有可能，裸露的身体是无名的，在此我们的感官走得更远了，不是生理意义上快感，"快感"仅仅是急切本身，而是一种朝向新的道德知识的急迫感，去爱他者的爱。裸露的身体处在一种"女性状态"，这温柔的意志没有对立面，也无法映衬出身体性方面的"我能"——这涉及自由意志。温柔意志表现在爱抚中，爱抚不会攫取占有什么，爱抚不会定于一格，爱抚如流淌的涓涓细流，它并不想抓住什么，但它撩拨，撩拨那隐匿的、试图逃走的事物。爱不可认知，不是知识，在这里连情感元素也作为某种知识而存在，比如爱美、爱相知、爱门当户对、爱着他人对我的爱护，总有概念出没才有好的感觉。但爱欲中的爱抚，什么也抓不住的爱抚，会将我们带向另外的层面，会为知识，为道德打开新的面向。列维纳斯借助爱欲现象学来让我们感知"爱抚"的道德意识,因此他才说:"道德意识完成了形上学,如果形上学就在于进行超越的话。"[12] 爱欲现象超越对象,超越社会关系,超越主/奴,超越控制与反控制,让伊利格瑞惊叹的是:男性哲学家就是不肯说出性差异的超越性,在此他者能被感知,但没有恰切的伦理位置。性差异帮我们在伦理图式中"协同定位",其前提就是女人的显身,让好消息灌注于此时此地。

爱欲的道德意识现在产出了一个孩子,列维纳斯接下来就开始说生育了,孩子成了这场爱欲现象的战利品,是男性主体-我自身的陈列物。伊利格瑞的诘问是:爱欲还是被利用了,男性哲学家在触及道德来源的羞耻和亵渎问题的时候,肉身的原罪依然在场,爱欲因而是苦涩的,这样的他者伦理学因为性差异维度的匮乏,必然会重复着神学的叙事框架。

女性状态,女性爱人的脆弱性,他者的非人格性,这些在列维纳斯的他者伦理学中,试图代表着未知的、有待发现的维度,但爱欲现象学分明试图在爱抚行为中唤起并感知这"未知",即这在场的"将来"。

---

[12] 伊曼纽尔·列维纳斯:《总体与无限——论外在性》,朱刚译,北京大学出版社,2016年,第252页。

伊利格瑞认为，列维纳斯真正的苦涩在于：当男性爱人攀升到超越性的高度时，女性爱人堕入列维纳斯所说的"具有温柔意志的婴孩或动物状态"，一个那么高，一个那么低，他们怎么相遇的，怎么相爱的？现象学中男性主体单独地把存在实现出来了，即他们说的超越，这是理论的重要收获，但是正如德里达在《马刺》一文中所言，他们的"林中路"遗忘了女人。

他者-女人依然是男性哲学自身自异性的一种投射，他们把这自异性外化成外部事物，然后再通过道德攀升以此克服这分裂。伊利格瑞认为，如果女性爱人也具有同样的伦理责任呢，她也要攀升，在同样的高度，如何述说她的他者之爱？

女性有着针对无限性的不安和恐惧吗？显然不是，有两种哲学，男人的和女人的，女人认为我们相爱，那么我们的身体也相爱，这里既不涉及高度，也不涉及深度，是在肉身记忆中保存的栖居之所，她不是天使，不是女神，她要的是此时此地，今生今世。这样的伦理之境需要男人和女人共同承担风险，这地方被称作"非域之境"（atopia）。

英译者前言

翻译伊利格瑞的著作具有挑战性,这并不是说要抹除其作品的模糊性和诸多困难,挑战意味着要在既无删减又无添加的状况下产生一个文本。比如,伊利格瑞喜欢造词,这些词不管在英文词典还是法文词典里并不存在。有些时候她会使用古希腊词汇,比如 polemos(古希腊史诗中的战神)、aesthesis(感觉共通体)、hypokeimenon(基座)、morphé(变形/变体)、apatheia(清心寡欲)。有些术语我们会熟悉一些,有些则不然,而关于术语的用法(比如 polemos)并没有统一的标准。但无论如何,我们顶着这些翻译的压力去坚持保留这些难搞的词汇,是因为我们相信,英文读者也好,法文读者也好,其兴趣在于进入伊利格瑞的思想路径，通过追索这些术语的词源踪迹，参与到她的文本中来。还有一个更大的挑战就是，她的风格化术语来自她的哲学阅读。拟仿造词的技巧，在她的另外两本书《他者女人的窥镜》和《此性非一》（*This Sex Which Is Not One*）中已经设定起来了，但这并不意味着伊利格瑞应该去采纳或者认同这些她效仿的术语词汇。

另外，在翻译过程中碰到的其他习惯性用语出自她引用的哲学文本，关于这些文本我们尽量采用通用的英译法。比如在"空间，间距"一章中，一些普通法语中弃用的词也会出现，比如位移（locomotion），不是因为我们喜欢这用法，而是因为它们出现在引文中。

最后，排版的样式在伊利格瑞的文本中具有其特殊的含义，因此，我们会尽量放弃编辑层面的考量，保留她别有用心的偏差。比如在法文版本中，拉长的排版间距是为了标示反思的中止，或者争论可展开的舞台，而事例的平行编排则是为了支撑论点。另外在法文原版中，斜体被大量使用，它们不仅代表伊利格瑞所引用的对话者，还意味着这些斜体段落本身就是哲学对话中的伙伴，这个伙伴总是发出反对的声音，同时也是作者对其自身的设定。因此，作为伊利格瑞的读者,我们只能融入她的文本性,更充分地去体会她正在说的,并尊重她的做法。

C.B. , G.C.G.

前言

这本书是我在鹿特丹伊拉斯姆斯大学（Erasmus University）的系列讲座的内容，该校的扬·廷贝亨（Jan Tinbergen）讲席赞助荷兰之外的学者来开设一个学期的课程。1982年第二学期，我有幸受到邀请在此开设哲学讲座。该讲席的受邀学者，在此所做的原创性工作，与其已经出版的学术成果相关，并留下书面记录。

课程时长被压缩至四个月。每月一次讲座加讨论（本书不包含讨论内容），翌日，还有两次哲学文本的阅读研讨会。这样，按照时间顺序，讲座和阅读研讨的内容就构成了这本书。在学校的其他活动，比如学生针对他们当前作品的课堂展示和讨论等，不在此书之列。

按照传统,面向大学教职员,并向公众和学生开放的讲座,已包含在这个项目中。于 1982 年 11 月 18 日举办的讲座已经由鹿特丹大学以双语形式出版,现亦收录于此书,取名为"性差异的伦理学"。

在此,致谢邀请我前来的荷兰女人,致谢妇女研究系,致谢基默勒(Kimmerle)教授,以及伊拉斯姆斯大学所有热情的人们,特别感谢阿涅丝·曼斯科特·万瑟诺(Agnès Manschot Vincenot),这次讲座的荷兰语译者。

向扬·廷贝亨致敬,是他创建了这一国际化的讲席,使得我有机会在哲学之中说出"激情的伦理学"。

露西·伊利格瑞

I

性差异

性差异是我们时代主要的哲学议题之一。海德格尔曾说，每个时代都有一个必须想清楚的议题，且仅有一个。如果澄清了性差异这个主题，我们也许就能"得救"了。

但是，这是否意味着我要转向哲学、科学或者宗教，对于我们的关切而言，我划出的这个主题在空泛之中哭泣。思考性差异是种路径，由此检测我们身处的这个世界所产生的各种毁灭形式，去抵抗虚无主义，因为它们要么颠覆现存价值，要么重复性地繁衍现存价值。——对此，你称作消费社会也好，话语圈套也好，在某种程度上，如癌细胞的扩散，言辞已经失去可信度，哲学终结，对信仰的绝望或回撤到宗教，还包括科学或技术的帝国主义,这一切都无法确认鲜活的主体了。

性差异将重构多样化世界的视阈,比任何过时的智识都更加丰饶——至少在西方是这样——性差异是丰饶的,无须将其还原为身体或肉身的再生产。正如热恋的爱侣,这丰饶就是诞生与重生,也是思想、艺术、诗歌和语言创造的新时代:发明新的技艺(poetics)。

无论是在理论或是实践中,所有事物都抵制着对这类降临或重要事件(advent or event)的发现和肯定。就理论而言,哲学需要被文学化或修辞化,不是破除本体论,就是回归本体论。第一哲学以相同的根据和结构正在走向瓦解,并没有出示任何其他的目标来认定新的基础和新的事业。

政治上,女人世界的序曲已经响起。但这些序曲还是局部的、地方性的:一些让步还是由当权者做出的,并没有奠定起新的价值。女人们自身还没有弄清楚或确认出这些新的尺度,她们还停留在泛泛的批评性层面。女人们在过去的抗争中所取得的成就,不是正受到世界广泛的侵蚀吗?这失败在于根本的差异性,因为世界是由男人们创建的。从性话语的角度来看,精神分析理论及其治疗,能够影响到性差异这一革命性的事业，还有一段漫长的路途。除过少部分例外，性别实践在今天依然被平行化地分割为男人的世界和女人的世界。因此，非传统地去遭遇两性关系的丰饶近乎是罕见的。这些要求还没有公开发声，要么是某种形式的沉默，要么就是激烈抨击。

性差异的事业如果能够发生，思想和伦理上的革命是必需的。我们需要重新诠释各种关系，比如主体与话语，主体与世界，主体与宇宙，微观的和宏观的等等。任何事情，从一开始就以这样的方式铺开了，即被书写的主体处在男子气的理型（masculine form）之中，作为人，即便被宣称为普遍的和中立的。尽管人这个词，至少在法语中不是中性的，而是性别化的、阳性的。

在理论、道德和政治中，男人是话语的主体。在西方，神的性别总是男性的或父性的，尽管他是每个主体和各种话语的守护者。留给女人们的技艺是微不足道的：打扫庭除、缝缝补补，而诗歌、绘画、音乐则非常少见。无论女人的技艺多么重要，从目前来看，并不制定规则，至少没有公开过。

当然，我们见证着价值的颠覆：手工劳动及其技艺正在被重新评估。这一切与性差异的关系是什么？

显然从未得到思考和恰当追究。最多把这当作阶级斗争。

为了悟出这差异，并活在差异之中，我们须重思整个的时-空问题。

在所有神学谱系中，最初有个空间和空间的创造。诸神或者一神创世。时间开启，或多或少服务于空间。第一天神创世，分离诸元素。人居于世界，有种节律是宜居的。神也许就是时间自身，在空间或处所，神的作为外化和丰盈。

于是哲学就来证实神迹的谱系。时间是主体自身的内在性，空间则是外在性（康德在其《纯粹理性批判》中涉及并发展了这些棘手的问题）。主体作为时间的主人，在当下和永恒之外，成为世界秩序化的轴心：在康德那里，是神的观念影响着他关于时间和空间的章节。

这些观念在性差异中会被颠覆吗？女性经验的空间性在哪儿，更多的时候，她们意蕴的是深渊和黑夜（神是光和空间？），相应男性经验是时间性的。

时-空的知觉和概念都需要被改变，一个适宜栖居的处所和容器，一个自我认同的封套。这将设定和引起形式的转变和革命,包括质料、形式和间距之间的关系:即处所建构的三部曲。每个时代都在刻画着三元形象的限度:质料、形式、介质或权力、行动、调停者。

欲望占有或登录(designate)在这样一个中介性的位置。欲望的稳定含义取决于作为欲望被压抑的事物。欲望是一种被诱惑的感觉,即一种介质的变化,主体的替代品,或远或近的客体的置换物。

一个新的时代伴随着欲望机制(economy of desire)的改变,并指向不同的关系:

——人和神

——人和人

——人和世界

——男人和女人

如今,欲望问题已然被带到我们面前,在其张力被发现的时候或某个历史瞬间,欲望被理解为一种变化机制,这机制在当下或者过去能够得到大致的描述,但从未获得确定的预见。那么我们的时代就不可能充分认识到欲望的动态机制,只能保留欲望所指的对象。但是如果把欲望对象放回到间距机制,在形式和质料之间,如果吸引力、张力和行动的发生恰好和欲望相适,但总有欲望的残留物,比如任何创造或作品完成之后，在认同和有待认同之间总有间距。

为了能够想象欲望机制，我们有必要重新理解弗洛伊德所说的升华，以及他尚未说出的生殖力升华（除非再生产？若这就是升华的成功模式，弗洛伊德就不会对父母养育行为感到悲观了），如果部分驱力的升华与女人相关而不是去抑制她们（小女孩比小男孩更早能说会道，更乖巧；具备更优良的社会化能力；凡此种种——女孩的天资和素质并没有得到开发利用，更不用说什么充分动用其能量的创造性成果，那是因为她们的任务就是做女人，成为一个诱惑对象。）[1]

女人自身处在非升华的可能性中，她不会返回自身，好像那儿有什么值得勘察的积极事物似的，她总是往前行进。用当代物理学的术语来形容，女人是电子，对女人、男人以及他们的相遇来说，这些都充满暗示。如果有双重欲望，而不是把两性区分成正负两极，那就得建立起重叠的电子回路或双重回路，在其

---

[1] 参阅 Luce Irigaray, *Speculum, de l'autrefemme* (Paris: Minuit, 1984), pp. 9-162; trans. Gillian C. Gill, under the title *Speculum of the Other Woman* (Ithaca: Cornell University Press, 1985), pp. 11-129。
相关中译本参见伊利格瑞：《他者女人的窥镜》，屈雅君等译，河南大学出版社，2017年，第3—101页。——中译注

中他们双方都能够朝向他者并回到自身。

若不去发现双方各自的正负极,总是一方吸引另一方,后者只能停留在意向之中从而导致"适当"处所的缺失。吸引和支撑的双重电极正在消失,因为双重回路排除了破裂、吸引和分解,反而确保间离,以此打通每一种相遇,并让言说、承诺和联合成为可能。

为了逃避自己,人必须要获取,必须得说话? 以某种方式朝向相同的事物。为了获取,人需要一个固定的容器或处所? 是灵魂吗? 是精神吗? 无从哀悼是最困难的,哀悼自身是最不可能的。正如我已经被男子气同化了,我还得寻找自身。我应该在反同化的基础上重构自身……[2] 从文化和作品的踪迹里提升自己,这踪迹是男人们制造的。去探寻其中有什么,为了发现没有什么;去探寻什么是他们所是,为了找到其所不是;去研究成为可能的条件,为了发现不可能性。

女人可以在他物之中找到自身,在那些历史沉积物中,在男性作品的生产状况之中,而不是以男性作品或者他的谱系为基础去寻找。

---

2 法文原版在此省略,并非英译疏漏。——英译注

就传统而言，女人作为母亲表征的是男人的处所，这仅意味她是某物，唯一的变化就是从一个历史阶段到另一个阶段。她发现自己被描绘为某物。更进一步，母性-女性作为一个服务型的封套或者一件容器，是男人所规定的事物界限的出发点。封套和事物之间的关系就成了一个难题，这逻辑僵局（aporia），是亚里士多德和哲学体系的缘起。

在我们的术语表中，这僵局来自思想机制，但浸染在心理主义没有意识到的资源中，正如女人—母亲正在被阉割。她们作为封套或者物从未被阐释过，但又与男性作品及其行为密切相关，当他定义她并依赖她来达成自我认同，她是他的起点，并由此决定了她的存在。在此之后，她依然活着，她不停地拆解他的作品——她要把自己和封套与物区别开来，一些介质、游戏、一些在意向之中无法限制的事物，不停地干扰着他的视点、他的世界和他的界限。但他并没有把她放在主体性的生活之中，或在主体相互性（intersubjective）的机制中，把她放在她的位置或者她的事物之中，而仅仅持留在主-奴辩证法里。神的奴隶，正是他授予的绝对主人的特性。秘密而晦暗地，母亲-女人的奴隶力量被抹除和摧毁了。

母性-女人性依然被存在在这样的位置,这个地方与"其"自身的位置相分离,"其"位置被剥夺。她不断地成为他者的处所,在那里他不会与其自身剥离。一个恰当位置的缺失使她受到威胁。她只好以其自身来再次包裹自身,包裹至少两次:一次是女人,一次是母亲。至少在时空机制中这预设了一种变化。

相应的,裸露和倒错涉及伦理问题。因为缺乏相宜的处所,与其自身并不相契,她是赤裸的。她的装饰、她的衣服、她的珠宝,等等这些玩意,是她试图发明属于自己的封套和容器。她无法使用她所是的封套,必须弄个仿制品出来。

弗洛伊德认为女人的口头表达意蕴丰富,但他还是将女人从始源性的结构中驱逐。毫无疑问,对于女人来说,口语是某种特别的意义尺度:从形态学(morphology)来看,女人有两张嘴和两副唇。仅在她想保存空间性或者胎儿的时候,她能够借助这一形态行动或者制造某些事物。尽管她也需要这些维度创造她自己的空间(正如她总是为了迎接他者腾出地方),但是这些空间总被当成男人们抒发怀旧之情的处所,这是他们记忆之中最初的也是终极的盘桓之地。一种让人费解的纪念……

对于男人来说，要去解释他作品的意义，恐怕要几百年的时间：对于降生于世界之前的家园，有无数的替代品在进行着无休止的建构。从地球的深度到天空的高度？一次又一次地从空间化的女性生理组织和结构中获取。作为交换——但这交换物是虚假的——他给她买房子，把她关在里面，限定她的位置，与此相对的是他处在一个非限定性位置去讨好她。他凭借墙壁来拥有她、包装她，同时也用她的肉体来包装他自身和他的事物。这些封套的属性是不同的：一方面是不可见的，没有知觉的诸多限制，如此鲜活，另一方面是可见的，一个有限制的外壳或庇护所，如果门没有敞开，就存在类似监禁或谋杀的风险。

为此，必须重新思考我们有关处所的这个概念，在不同时代有所变化（每个时代的思想总在回应这有关差异的沉思），以期建立起激情的伦理学。我们有必要改写质料、形式、介质和界限之间的关系，因为两个爱着的、具有性别差异的主体之间的关系从来没有得到思考。

曾经有一个在裹覆的身体和一个已经裹覆好的身体，从亚里士多德的位移术语来看，后者更有行动力（因为母性看上去无动力可言）。提供动力和封套者正在吞没另一个。如果没有第三个术语这将是危险的。这第三方包含了他或她自身界限的关系：比如神、死亡、宇宙、社会。如果这些在容器中不存在，他或者她就是全能的。

因此，若撤销性差异中的一极——比如女人，作为第三项，就会被置放在全能的位置上，这对于男人们来说，也是危险的。尤其是当介质受到抑制，这介质既是入口又是空间间隔的时候。[3] 一个让双方都进入和存在的封套（不是去刺穿它或者吸收它进入消化过程）；让双方的行动都有敞开的可能，一种祥瑞和煦的可能性。

❦

为了实现对性差异伦理学的建构，我们至少要重返笛卡尔最初的激情：惊奇（wonder）。仿佛初相遇，这激情没有对立面或矛盾，始终存在着。男人和女人，女人和男人，初相遇，总是互不适应。我将永

---

[3] 伊利格瑞在双重意义上使用"entre"一词，指"enter"和"between"。
——英译注

远不会身处男人的位置，相应地男人也不会处在我的位置之中。任何身份认同都是可能的，但一个人不可能确切地占据他者的位置——他们也不会化约成他者。

> 对有些对象在我们与之邂逅的那一刻，会引起惊奇，因为它们的新颖，或因它们带来的全新的认识，或与我们的想当然完全不同，这些都让我们感到困惑和惊奇；无论人们事先以何种方式赞成或反对这些事物，我总是带着怀疑的激情去面对它们；这激情没有对立面，让我惊奇的是这些事物除了表达自身之外别无他图，然而我们对此往往无动于衷，漠然地去对待它们。[4]

他者是谁，是什么，我无法知晓。但这永远无法知晓的他者就是与我性别不同的那个人。惊奇、震惊，

---

[4] *The Philosophical Works of Descartes*, trans. E. S. Haldane and G. R. T. Ross, (Cambridge: Cambridge University Press, 1931; reprinted Dover, 1955), 1: 358.
中译本参见《论灵魂的激情》，第五十三条，贾江鸿译，商务印书馆，2015年。本译文有所改动。——中译注

事实上是想知道这不可知应该返还到它自己的处所：性别差异的所在地。可这激情被压抑了，被缩减、被扼杀，或者为神所持存。有时候这惊奇的空间留给艺术作品了。但惊奇栖居于此从未被发现：在男人和女人之间。这里充满吸引、贪婪、占有、完满、龌龊等等。而惊奇却不是这样的，惊奇总是持有初相见时所看到的，从不会将对方当成客体。初相见时，不会想去获取、占有或缩减对象，而是让对方具有主体性，或自由的。

在规范性的差异之中，惊奇所保留的自治在两性之间从没有存在过，这包括保留他们的吸引空间和自由空间，保留一种分离与联合的可能性。

这本该发生在邂逅时刻，先于订婚阶段，保留这差异的证据。这中介物无法逾越。如果这观念本身就是错觉，完满就不可能实现。一种性别并不会被另一种性别所耗尽。总有残留物存在。

迄今为止，这残留物为上帝托管或保存。有些时候，某些残留物化身为小孩，或者被认为是中性的存在。这中性（以不同的方式，孩子或上帝？）设想了某种邂逅，但又延迟它，一直到后来面目全非，以至于二次修改就成问题了。它总是处在一个很难搞的局面之中，一个令人敬畏的、致命的不毛之地（no-man's land）之中；[5] 没有结成同盟，没有值得庆贺的事物。相遇的直接性就被摧毁了，转入永远不会到来的未来之中。

当然，中性事物可以指称生殖力升华的炼金术，生殖的可能性，不同性别、不同基因之间的创造。但这依然要接受差异的临在，须理解作为参与者并非超然的，尤其作为伦理个体。通常而言，这种表达持有当下并延迟庆祝。没有婚恋的惊奇时刻，就不会有在自身之中保留的狂喜（ecstasy）[6]。有个当下服从于上帝，但这并没有形成性生活多产的功绩基础。对此有贞信的东方人，按他们的老话，性活动指能量灌注、审美的、多子多福的：两性彼此赠予生命种子和永恒性，以及正在成长的新一代。

必须严格地来再次检视我们的历史，去了解为什么性差异从未获得发展，不管是经验性的还是超验性的。性差异为何总是不能获得其自身的伦理、审美、

---

[5] 在法文原版中使用的是英文词 no-man's land。——英译注

[6] "instance"（状况）是对"in-stant"（瞬间）的描述，伊利格瑞强调词根的意义，即在自身之中，与此相对的"ecstasy"则在自身之外。——英译注
"狂喜"在自身之外，有神性大他者的介入。伊利格瑞反对哲学传统的内外之分，她强调"in-between"的性差异位置，这个间距的位置，也就是时间的间距，空间的间距，让性差异的伦理活动充满生机。在下文中，神学意义上的婚恋圆满（consummation）在她这里变成了婚恋的"instance"。——中译注

逻辑、宗教，或者存在与命运的微观宏观认识。

身体/灵魂，肉欲/精神，这些二分法很成问题，从内到外，从外到内都缺少朝向精神或上帝的通道，以至精神在男女之间的性活动也是匮缺的。现实之中总有区隔，或者一个对立于另一个，事物总是以这样的方式被建构起来。如此，没有混合，没有婚恋，没有形成联合体。所有的感官世界都在侍奉精神和上帝的婚恋——这一超验领地。之于超验和来世，男人和女人的婚恋被撤销，因而也就无足挂齿、理所当然了。

性活动是残缺的，其后果比比皆是。在时-空之中，有天使来宣告和摘取那有待完成的，也是最美的。这些信使们不会滞留在超验领域，它们可以自由行动。神作为完满的静止，相应于男人，被锁闭在他劳作的世界，而女人，负责看护自然和生育，天使们作为中介本应该流动起来，若此，将会发生什么，其边际是什么？普遍性不是封闭的，能够无限敞开，身份认同也是，行动和历史也是。

天使不停地穿越封套和容器，从这里到那里，修正期限，改变决定，阻挠重复。天使们打败怪物，它们阻碍了新时代；在某个清晨，他们传令，宣告新生命的降临。[7]

他们和性/性别并非无关。当然有大天使加百列（Gabriel）的宣告。但也有其他天使宣告婚恋的完满，在世界末日和《旧约》之中有很多这样的著名天使。天使们只有一种性别，从未道成肉身。有道光，肉身的神性姿态从未行动或繁茂起来。总是在堕落或依然在等待基督再临。爱的命运在此岸和彼岸之间被撕裂。爱是罪的缘起，因为伊甸园，尘世中的失乐园？肉身的命运无论如何归因于神！[8]

这些行动敏捷的信使们，穿越着神的封套和微观—宏观世界间的通道。他们宣告这旅程是由肉身制成的，尤其是女人的肉身。他们代表了另一种道成肉身，另一种身体的再临（parousia）。不是哲学、神学和道德，天使作为信使出现，意味着伦理学是被艺术——雕塑、绘画和音乐——唤醒的，没有什么艺术的言说会多于姿态表征。

像信使那样去说，而姿态宛如"天性"。运动、亮

---

[7] 天使报喜，耶稣降临，见《新约·路加福音》2∶8-15。——中译注
[8] 见 Luce Irigaray, "Epistle to the Last Christians," in *Marine Lover of Friedrich Nietzsche*, trans. Gillian C. Gill (New York: Columbia University Press, 1991).

出身姿，来来往往于"二"之间。信使们推动刺激了身体、灵魂或世界的瘫软无为。他们将出神与颤动设定为音乐，并带来和谐。

他们的触摸类似神性的聚集，他们在荣耀之中，他们是孤傲的，也是不可触摸的。

突出的问题是他们可否在同一个地方被发现。传统的回答是不可能。这问题类似于也不同于身体的协同定位，这又回到了性别伦理的问题。这黏液（mucous）应被毫无疑问地描绘为与天使相关，然而身体的惰性和黏液剥离，姿态上只能与身体的堕落和僵死相关。

性或身体伦理应该去探寻天使和身体的共在。这是一个有待建造或重造的世界。两性之间爱的起源关涉所有的维度，从细小的到宏伟的，从最亲密的到最政治性的。发明这样的世界，是为了让男人和女人至少能够共同生活、相遇，并栖居在同样的处所。

联合并重新联合男性气质和女性气质的纽带既有广度又有深度，既是尘世又是天堂。正如海德格尔的写作，他仿造了一个神性和终有一死之人的联合体，这样的话，两性的邂逅就应该如丰饶的节庆，而不是一种伪装，或主奴关系的好斗模式。也不是在天父阴影和踪迹里的相遇，因为他独自制定了律法，是单一性别不可变更的发言人。

当然，最激烈的往与返依然以神的名义展开。我只能争取绝对或回到无限之中，那里有神存在的担保。传统就是这样教导我们的，神的律令不可逾越，因为它的消解会带来可怕的遗弃和病态，除非有人拥有充满希望的爱的伙伴。即使那样……当神性视阈或超验性的朝向匮乏的时候，苦恼也是不可避免的，并且界限依然存在，即他者可否穿越。

如果不是性差异，该如何去标记这处所的界限，一般意义上的处所？为了让性差异的伦理学能够生成，我们必须建造起适合每一性别、每一种身体、每一类血肉之躯的栖居之地。借古思今，期盼未来，记忆连着当下，扰乱镜子阶段的对称性，因为对称抹除了认同的差异。

这一切需要时间和空间。也许我们正在经历这样的时代，让时间重新布置空间？一个新世界的清晨？重塑内在性和超越性，要跨过那些未曾被查验的槛界：比如女人这一性别。这槛界让我们靠近黏液。在传统的爱恨对立、固体和流体的对立之外——这槛界总是半开着。唇的槛界，二分法和对立之于她们是陌异的。用一个反对另一个而没有缝合的可能，至少不是真正的缝合。只要没有被误用，或不是仅仅作为耗散（consumption）或圆满（consummation）的手段，她们就不是通过自身吸收世界。她们提供迎奉的外形而不会吸收、缩减和吞噬它。一种感官享乐的门道？她们无用，除非登录一个地方，一个无用之地，至少能驻扎在知性之中。严格意义上说，她们既不为观念也不为极乐服务，难道这就是女性身份的神秘性？沉默的陌生世界，自我沉思的神秘性？所有的槛界和兑换接收，被封存的智慧、信念，对所有真理的信仰？

（两副唇像手臂一样交错，十字路口的原型。嘴唇和阴唇在不同的向度上。她们指点出两个对立的向度，一个是你期望的，一个是低级的纵向的。）

去靠近这个地方，在拥抱-包裹中跨越所有的界限，此处是身体的槛界在婚恋。——没有被吞没的危险，感谢生殖力的渗透——在极端的感官经验中（这总是属于未来），人人都在此经验中发现自我，默默地形成了生命和语言的灵动基础。

因此,"神"是必然性的,或专注的爱就是神性的。难道没有发生过什么?爱在延迟超验,越过这里和现在,除了某些特定的神性经验。基于身体的多孔渗透性(porous nature),欲望的行动力并不充分,会在亲昵黏液的膜状物中抹除圆融。这沟通是如此精微细致,个体需要足够的耐力来保存它,免于遗弃、间断、恶化、疾病和死亡。

圆融通常是留给小孩的,作为亲密统一体的象征。但存在先于小孩的统一征兆——在此爱人们馈赠彼此的生与死?新生和衰退都有可能。这涉及爱人们的欲望及其流变的强度。

如果有种神性的秘密让伴侣们生机勃勃,那么系词"is"或存有(being)就在性差异之中,欲望的强力能够征服谱系命运的化身吗?这该如何操作?在持有具身化的同时,如何设想这样的力量?在基因决定论者和理想主义的飘忽之间(后者没有真实的身体,就像未出生的孩子),我们该如何获取爱的尺度,来改变从必朽到不朽的条件?神的形象成了人,并且两次临在,不正预示了爱的道路吗?

关于性差异,有还有待说出并传播出去的事物吗？它们还留在妇女史之中默默无闻：从女人这里涌出一种能量，一种变形，一种成长性的繁茂？朝向未来的序幕总是已经掀起了？将奇异的临在给予那个还保存着悖论（aporetic）的世界。

女祭司的爱欲：
读柏拉图《会饮篇》，"狄欧蒂玛的话"

在《会饮篇》——有关于爱欲的对话——中，苏格拉底讲完，把座席让给一个女人：狄欧蒂玛（Diotima）。她并没有参与男人们的筵席，她不在那儿。她自身并没有说话。是苏格拉底把话引到她身上，并转述她所说的。他赞赏她的智慧和力量，并表示狄欧蒂玛是他的爱欲导师，但她并没有被邀请来讲授。除非她拒绝参加筵席？苏格拉底对此语焉不详。因缺席而通过男人来传达智慧，尤其爱欲智慧，并不止狄欧蒂玛一个女性典范。

狄欧蒂玛的教导非常辩证，但不是我们所理解的一般意义上的辩证。她并没有像黑格尔那样用两个相继的对立性元素统一成合题（synthesis）。她从外部建立起中介（intermediary），这中介者作为关键性的路径，不会被扬弃。她的方法既不是从摧毁起步，也不是正-反-合的辩证。她认为第三个元素已经在那儿显现了，并担保着发展：从贫穷到富有，从无知到智慧，从必死到不朽：这正是爱的来临和完满。

但又不同于一般的辩证法，一个人不应该为了变得智慧或好学而放弃爱。无论在技艺中还是在形而上的强化学习中，正是爱通往知识。爱既是引领也是道路本身。一个中介者同样精彩绝伦。

这个中介的任务暗示了主旨的一部分，但一直在争议之中，在台前，在主旨的显现之中。

狄欧蒂玛并不认为爱诺（Eros）是伟大的神[9]，是美好的事情，她冒着亵渎诸神的风险，依然认定爱诺既非善又非美。这样一来，她引导对话者以为爱欲是丑的和坏的，那是因为他们没有抓住一个两者之间的立场，正是这立场存在，使得从无知通往智慧的道路成为可能。若不这样，有些在我们的遭遇之中能够学到的东西，在所遭遇的现实和已有的知识之间，就不可能在智慧之中完善我们自身。要么更智慧，要么更愚蠢。

---

[9] 此处法文原本使用大写，英文沿用，即 God。——英译注

因此，在知识和现实之间，一定有个中介，承应这两者的相遇、演变（transmutation）和重估。狄欧蒂玛的辩证法至少有四个元素：这里、相遇的两极，超验——但从不抹除此在。然后，才是非确定性。这不会在绝对知识中被抹除。万物都在运动之中，都处在成为（becoming）的状态。这万有的中介者具有示范性，正是在他物之中，在爱之中，且总在成为，在爱之中没有圆满。

为了回应苏格拉底的断言——爱是伟大的神，人人都这样说这样想，她报以哂笑。她并没有怒斥，反而在矛盾设定之间犹疑；笑是基于另外的理由。她笑着问苏格拉底，每个人究竟指什么？正如她不停地拆解确定性和对立的封闭性，卸下一系列同质化的事物或这些建构整全大"一"的统一体。她说："你的意思是所有，谁知道这个所有？或者所有的总是好的？——绝对的全部，她笑道。"（Plato, *Symposium* 202；p. 252）[10]

---

[10] 英译本参见 Plato, *Phaedrus, Ion, Gorgias, and Symposium, with passages from the Republic and Laws*, trans. Lane Cooper (London: Oxford University Press, 1938) 一书对于《会饮篇》的翻译。
此章节引用的《会饮篇》中译本参见：《柏拉图对话集》，王太庆译，商务印书馆，2007年。本译文有改动。间接引用或与柏拉图观点进行暗中辩诘的内容，包括《国家篇》和《法律篇》，分别参见《柏拉图全集》第二卷和第三卷，王晓朝译，人民出版社，2003年。——中译注

一旦这样，对立的强度就减弱了，她论证道，"每个人"并不存在，如神一般的爱人的位置也不存在。难道对于已知的事物她从未提及？一种在爱欲和艺术中变得智慧、博学和更加完善的方法。因此她不断地检视苏格拉底的立场，但并不是以权威的口宣布已知真理，而是教导人们弃绝这些真理。每次，当苏格拉底想当然的时候，她就拆解他的想法，那些想法已经在语言中设定好了。所有的实体、实质、副词和句子都平和爽快地受到质询。

要证明爱欲并不困难。如果爱已经拥有一切所欲的，就不会有所欲求。爱因匮乏才欲求。如果他没有分享到美与善的事物，他就不会欲求他们。因此，他以特有方式成为两者之间的中介。他会因此丢掉神的位置吗？不见得。他既非凡人又非不朽者。他在这个和那个之间，一种守护的状态：爱是守护神（daimon）[11]。他的功能更是传送，将来自人的传递给神，来自神的传递给人。如所有守护神，他是人和神的辅助，确保事物与其自身相联系。无论白日还是黑夜，人—神之间的沟通和对话需要这样的中介。这需

---

11 Daimon，是古希腊神话的守护神。——英译注

求表现在神祇中,在祈愿的知识中,和献祭、起源、念咒、布道、魔法相关。

人—神之间的守护神多种多样,爱神是其中之一。他的身世是奇特的:他是贫穷之神和丰饶之神的孩子,他正好在美神阿芙洛狄忒(Aphrodite)生日那天投胎。狄欧蒂玛跟苏格拉底说,爱神总是匮乏的,总是"粗鲁的,不修边幅,赤着脚,无家可归,总是露天睡在地上,无遮无盖,在人家门口,在大街上栖身,生来和他的母亲一样伴随着贫乏……但是他也像他父亲那样追求美的东西、合乎好的东西,他勇敢、莽撞、精力充沛,是一个本领很大的猎人,总在设计各种谋略,门道多,终身爱好智慧,一个厉害的魔法师、巫师、智者"。

"他也总是处在智慧和无知之间。情形是这样:所有的神都不从事爱智(wisdom)的活动,并不盼望自己智慧起来,因为他们是智慧的,已经智慧的就不去从事爱智活动了。无知之徒也不从事爱智慧的活动,并不盼望自己智慧起来。因为他们无知的毛病正在于尽管自己不美、不好、不明白道理,却以为自己已经够了。不以为自己有什么欠缺的人就不去盼望以为自己欠缺的东西了。"

苏格拉底反驳说:"那么,狄欧蒂玛,从事爱智活动的又是什么人呢？如果不是有智慧者，也不是无知之徒的话。"

她说："这是很明白的。连小孩也看得出来，他们是介乎二者之间的，爱神就是其中一个。因为智慧属于美好的东西，爱诺是对美的爱欲，所以爱神必定是爱智者（a philosopher），作为爱智者介乎有智慧者和无知之徒之间。"（203–204；pp. 253–254）

爱存在于对立的两者之间：匮乏／丰饶，无知／智慧，丑／美，污秽／洁净，死／生，等等。这实际上是在描述爱这个概念诞生的谱系。爱是一位哲学家，爱是一种哲学。哲学并不是一种正规学习，并不固定、严格，排除所有感觉。哲学吁求爱，对美及智慧的爱，是桩美好的事情。如爱诺，哲学家应该是那个匮乏之人，穷困潦倒，枕星伴月，居无定所，但最为重要的是，他充满好奇心、富有韬略、不断反思，像个巫师，一位智者，一会儿兴致勃勃，一会儿奄奄一息。显然这和我们对一般哲学家的印象完全不同：衣着考究，举止优雅，无所不知，传授一些陈腐生硬的东西。这位哲学家完全两样。他赤着脚四处流浪，他总是奔向外面的世界，在星空下和现实相遇，在那儿总能发现知识、美、智慧和创造。他从母亲那里得来提问的习惯，从父亲那里得来艺术的技能，他继承了母亲的特点，他是哲学家。对爱的激情，对美的激情，对智慧的激情是遗传母亲的，是在他受胎之日就习得的。像母亲那样去欲求，去意愿。

爱和哲学家通常被表现为另外的样子，这是怎么回事？他们被设想为被爱者（beloveds）而不是爱者（lovers）。作为被爱者，总是美得无与伦比，精致、完美、快乐。而爱者则完全不同。他没有这些特点。他匮乏、忧愁，总在寻觅……他寻觅的或爱的是什么呢？那些美的事物才归其所有——苏格拉底回答。但究竟发生了什么，才让美的事物变成了属于他的？狄欧蒂玛抛出这个问题。苏格拉底无法作答。如果用"善"（good）来替换"美"呢？他拥有"善"，苏格拉底回答。"但究竟发生了什么嘛，当善的事物成为他的？""关于这个，"苏格拉底说，"我更愿意用幸福来作答。"（204-205；pp. 254-255）幸福看起来就成了终极术语，狄欧蒂玛和苏格拉底的对话就这样僵持着。

🍎

对于爱者我们该怎样得到一个恰当的命名呢？

"为了追求有爱诺称谓的事物,通过怎样的举止,在什么活动之中呢?"苏格拉底问道。狄欧蒂玛回答:"在美之中,这活动正是性别化的,与身体和灵魂都有关系的。"(206;p.256)但苏格拉底好像不太理解这样的揭露。他对身体和灵魂的生产性知之甚少。"男人和女人的结合就是生育繁衍;这富有神性;活着的造物总有一死,而不死的恰恰是生育和繁衍。"(206;p.256)狄欧蒂玛这种说法简直闻所未闻,她意在强调爱的生产性。首先,任何男人和女人的结合都具有神性,这代表了有限事物的无限性。所有的爱都被当作创造和潜在的神性,死亡与永生之间的道路。爱是多产的,并优先于生产性。多产,就是中介者,是所有男人女人的守护神,是永恒的。而神不具有生产性,因其统一和谐的匮乏。爱神不会与丑陋相随,他只和美在一起。所以,根据狄欧蒂玛,男人和女人之间的爱就是美、就是神性的,就是和美的。这爱才有了生产性。建构爱的对象和美本身没有生产性的。爱的目标就是要认识到终有一死的爱人之间的永恒性。爱的力量倾注而出,趋附美的对象,喜悦地,孩子诞生。毫无吸引力的对象会带来抵触,收藏起生产力,生产的欲求承载着痛苦的重量。而在美之中生产——这才是爱的目标。终有一死的存在以此宣示永恒和不朽。

爱人之间的多产性——生生不息,总是在相互之中并经由相互性抵临不朽——而非凭借其自身力量,这是生产的条件。狄欧蒂玛对苏格拉底说,仅有美的创造,或者一件艺术品的创造是不够(这回仅仅凭借自身?),两人一起生个孩子,动物世界也有这种智慧。她嘲笑苏格拉底在显而易见的日常现实之外去寻找真理,他对现实视而不见,更不要说去思考现实。这样一来,他的辩证法或对话方式恰恰遗忘真理的要素。关于爱的话语,在这样的路径中,就会忽略对爱欲状态的细察和知会,也忽略了对其原因的探究。

狄欧蒂玛以一种令人惊诧的方式讲到原因。她的方法不是进入因果链条,这链条往往遗漏了具有中介性的元素。在她的推论中因果链没有多大作用。她拿动物世界打比方,唤起生育主体。而不是让孩子们在爱的环境中成长,在男人和女人们的多产性中成长,她在动物世界找到了爱的原因:生育。狄欧蒂玛的方法在此失效。她将爱导入不朽与必死的裂隙中,使得爱失去了原始生命力的特征。这难道就是形上学的基本行为吗?有身体之中的爱,灵魂之中的爱。但从必死到不朽，其通道就是爱人们的相互给予，这一点变得模糊了。在相异的伴侣之间，爱失去了它的神圣性，它的魔力，它那炼金术般的品质。因为是孩子而不是爱成了中介者。孩子不可能成为爱者，孩子被放入这样的位置，在那里，爱在持续运动着。孩子被爱，这点毫无疑问。但一个被爱者没有成为爱者，这如何可能？爱难道不正受困于被爱之中吗，这难道不是与狄欧蒂玛想要的爱的位置完全相反？被爱者是一种终结，它取代了男人女人之间的爱。被爱者是一种愿望，一种责任，保留着不朽的意义，既非爱侣们自身之间的实现也非他们之间的渴望。这是爱的失败，对孩子亦如此。如果一对爱侣不能够将爱作为他们之间的第三个元素，好好守护这个地方，那么他们既不能守住爱人也不可能为彼此带来爱。有些事物被封冻在时空之中，失去了重要的中介和超越的可行性。一种目的性的三角关系取代了爱的永恒之旅、持久的价值重估、稳定的生成性。爱如运载工具，一旦以生育为目的，其风险就在于失去相互之间的活力、一种"内在的"生产性，以及缓慢而恒定的生产性与创新性。狄欧蒂玛最初的错误方法得到更正，稍后会印证这一点。当然，狄欧蒂玛并不在场。苏格拉底在做转述。也许这样的歪曲是不经意的、不知不觉的。

此外,在接下来的段落中,继续反对当初的设定。开始讨论在我们之中该如何保持更迭,为何总有垂老和死亡,尤其生理层面——头发、骨骼、血气、身体——以及精神层面——我们的性格、观念和欲望,快乐与痛苦,恐惧。这些元素没有一个与其曾经的样子的相同,他人之死让某些事物显现。获取和遗忘,对知识来说是一回事,故而有持续更新一说。这样一来,"必死的万物就得到了保存,尽管并非像神灵那样始终如一,但老朽的所留下的新事物还是和原来类似。正是用这种方法,苏格拉底呀",狄欧蒂玛说:"必死之物分享着不朽,身体和其他事物都是这样;不朽者却不是这样的;因此你不必感到奇怪,一切生物都珍视它们的后代;为了不朽,所有生物都拥有这紧迫感和爱。"(208;p. 258)在此,狄欧蒂玛又回到她的辩论风格,嘲笑那些悬隔当下的人,他们转而去研习"永恒、永生和流芳百世"(208;p. 259)。她提到在时间之中的生成——以其特有风格,缠卷式的但不会共结连理——创生与再生总是发生在此时此地,在每个人那里,在男人女人那里,关涉身体和精神的现实性。不要急于去说一个人是另一个人的斩获,而是在每个瞬间,我们自身都在成长和提升。不再是通过小孩来寻求不朽,而是我们自身之中的持续性。狄欧蒂玛重返她之前关于爱的定义,爱先于生育:作为一个中间地带,一个中介者,必死和不朽之间的永恒道路。

然后,她再次质询名声的不朽,她将爱的对象置于主体的外部:名气,流芳百世,等等。不是在我们自身之中持续生成为不朽,而是去追名逐利以求不朽。这跟生个孩子不同但也类似,爱的筹码被置于其自身之外。爱的目标被放置在了被爱者那里而不是爱者?我们一直铭记的爱侣有阿尔克提斯(Alcestis)、阿德墨托斯(Admetus)、阿喀琉斯(Achilles)、科德鲁斯(Codrus)。他们的生死恋流芳百世。不朽是他们爱的对象而不是爱自身。狄欧蒂玛接着说:"生育力强的人宁愿去找更多的女人,他们是以这样的方式去爱:繁衍后代获得不朽、名望和幸福,并想象能够千秋万世。"

"实际上有些人在灵魂方面的生育力很强,超过生理方面的,灵魂的生育效能是什么呢?能产出什么后代呢?生产出智慧以及其他精神品格。"(208–209; p. 259)这对我来说,狄欧蒂玛的原意又一次丧失了。这爱的中间地带——不可化约的——又在一个"主体"(在柏拉图那里是不充分的)和"被爱的事实"之间做了划分。堕入爱河不再是爱人自身的生成,或者爱侣个人(男人和女人)的爱,或者爱人之间,现在又出现了一个目的论,被认为是一种更高的现实,并被放置在必死之人不可接近的超越性位置上。死取消了不朽,不朽不可能成为必死之人的长期性任务,无穷的变化才是落到我们身上的职责,它被刻写在我们的身体之中,是成为神的一种能力。身体和灵魂之美是等级化的,女人的爱成为一些人的土地,他们在灵魂方面没有多少创造性,而仅仅是在身体层面的多产,仅仅期望通过子孙以求得不朽。

"最美最伟大的智慧,"她说,"是持家治国,无疑这正是'节制'和'公正'。"(209;p. 259)

去爱,去变得神圣和不朽,不再倚重中介性的当下,爱被规定了并被等级化了。更糟的是,爱消亡了。决定论总有个目标,争胜性的,爱的义务,被爱或者爱成了目的。爱人消失了。以至于在我们的传统教育中,若非为了生育,爱就是被禁止的或者无效的，因此狄欧蒂玛一开始就强调的最神圣的行为即是"男人和女人的结合，这是一桩神圣的恋爱"。她一直强调爱的效能，是一种中介，一种守护。但随着对话的进展，她抹除了守护和爱的中介性，爱不再是守护，不再具有中介者的效能，变成了一种意图（intention），化约为一种意图，一种人类意志的目的论，屈服于某种固定的对象，不再是身体或者神性的，某种内在性的绽出。爱曾一度被定义为不可化约的中介者，一旦发生，它就在爱人之间，既是身体的又是精神的，唯独不是已被编目的义务、意愿、欲望。爱在对话中常常消失，但依然以唤醒守护的方式朝向美与善，唤起守护，爱仅在艺术中重现，在带有色情意味的丘比特"画像"中，在天使的样子里。难道爱自身分裂成爱诺和圣爱（agape）？然而，对于相爱着的爱人们来说，在他们之间必须有爱的存在。

关于爱仅剩下爱智者（philosopher）这样的说法。但为什么爱智者-大爱没有成为他者的爱人？而只是大他者的爱人？一种不具可行性的超验之爱。这样一来爱成了理念，而守护我们的爱被抑制了。爱成了一种政治智慧，城邦秩序的智慧，不再栖居在爱人之间，将他们从必死性转移到不朽的层面。爱成了一种理性状态（raison d'état）。它找到了一个家，看护孩子们，这些孩子就是城邦公民。它越是客观，越是有利用价值就越是离个体的生成越远。在不朽的美善和集体的善好之中，它失去了赌注。这样的家宜居宜室，爱人们在其中生育。领养别人的孩子就是可取的。这样一来，只能在相爱着的男人们中间行得通，并且男人们之间的爱优先于男人和女人之间的爱。肉体性的生育由美善的不朽的事物引发。真是让人大跌眼镜，尤其这想法出自狄欧蒂玛之口，至少是苏格拉底转述的狄欧蒂玛。

最有智慧天分的人才能直达目标。大多数人一开始是朝向身体之美，"这是爱的对象（形体之美），会引发人们的称颂"（210；p. 260）。如果教导得当，必然是这样的。但任何一个被身体迷住的人，都知道这美也会居留在另外的人们那里。在追寻外在的美的感官形式之后，他必然了解到同样的美也会表现在其他的身体上；他将"淡化这种爱，轻视并认为这爱是微不足道的，从而会成为所有值得称颂的对象的爱慕者"（210；p. 261）。从被美的身体所吸引，到被很多身体所吸引；在那里美就居住在灵魂之中。他将了解到美并非封存在身体里，而那些没有吸引力的身体也会表现出美与善好；关键在于如何关注他并从他那里引起美的对话。这样的话，爱就无意之间成了一种劳作。对身体之美的激情变成了对有关美的知识的揭示。从对某个人的迷恋中解放出来，走向美的知识的汪洋大海，接着就是一些崇高的宏大话语，思想正是由这些智慧之爱所激发。照此发展，一个人就会觉察到某种单独的知识（210；p. 261）。这大美是可觉察的，无论谁都已经被这样的道路所指引，一步一步地循序渐进。他最终将获得这美的眼界："它就是不朽，既不生也不灭，不增不减"，这就是绝对的美，"它不会是在这里美，在那里就是丑，不会有时美有时不美，不会在一种关系里美在另外的关系里就是丑的，不会在这个地方美在其他地方就是丑的，或者对某些人来说是美的对另外一些人来说是丑的，美对他来说，不是美的脸、手或身体的其他部位，也不在任何言辞和知识的形式中，也不在造物之中，不在天上不在地下；它在其自身之中自为存在着，不可分割，所以其他事物分沾着美，因为不生不灭，美是不朽的，不会被抛光打蜡，不会减损，不会衰弱。"（211；pp. 261–262）

为了实现崇高的美，一个人首先得去爱少年。从他们的自然美开始，由此循序渐进，直至攀登到超自然的美：从美的身体到美的活动，再到美的知识，最后获得崇高的知识即超自然的美，一种孤绝的有关美的本质性知识。(211；p. 262)这样的沉思给生活带来意义和滋味："这是在美少年、华服和金钱尺度中不会出现的。"(211；p. 262)那种能觉察到"其自身单纯天性之美"的人才懂得这滋味。已经在沉思着的"美便可以被看见，超越所有的拟像，凝聚起真正的德行；因为他获得的真正的现实"(212；p. 262)，他亲近神从而不朽。

这样的人就会获得我所说的感官超越(sensible transcendental)，超越美的物质性肌理。他仿佛曾"见过"那纯一空间，这最至高的"真"在所有实存之上，所有形式之上，独特感官或者创建理想的所有真理。他会沉思神的"天性"吗？狄欧蒂玛认为，不同模式下的超验结构，爱美是其基础性的支撑。没有美，善好、真、公正、城邦治理都不会出现。最优异的同盟是爱。爱值得尊重。狄欧蒂玛期望她的话被当作爱的庆典和颂歌。

在对话的第二部分，狄欧蒂玛却把爱当成手段了。爱既有中介性的双重功效，同时又得服从于一个目的（telos）。和对话开始时相比，其方法论就削弱了不小，尤其当她将爱看作无对象性的生成状态的调停者，而不是生成本身。也许狄欧蒂玛说的还是同一件事。但在第二部分，她的方法就试图冒险建构或归因为形上学了。除非她试着思考美自身，但又被认为混淆了内在性和超验性的对立，正如感官领域才是外物显现的基础。但一个人会越过事物，在其自身的迷狂中去揭示它。

空间, 间距：[12]
读亚里士多德《物理学》

如果空间存在，它一定在某个地方。芝诺悖论需要得到解释：如果万物存在都得有个空间，那么空间存在，也得有个空间，照此下去就没有止境。[13]（Aristotle, *Physics* IV, 209a, Fifth Difficulty; p. 355）

---

12 英文 place, 法文 lieu, 都是"处所"的意思，根据上下文，有时译处所，有时译空间。此处译成"空间"，对应亚里士多德的《物理学》，他给空间的定义是：任何物体都占有一处。由此引发了笛卡尔的"广延"概念。"处所"的说法来自柏拉图《蒂迈欧篇》的"chora"，这个词有处所、载体、容器和子宫的意思，亚里士多德将这个概念改造成质料。伊利格瑞正是在这样的背景下解读亚里士多德的"空间"概念。——中译注
13 英译本参见 Aristotle, *Physics* IV, 1-5, in *The Complete Works of Aristotle: The Revised Oxford Translation*, ed. Jonathan Barnes, trans. R. P. Hardie and R. K. Gaye (Oxford: Oxford University Press, 1987), 1:354-362。
中译本参见《物理学》，张竹明译，商务印书馆，1982年。——中译注

这模型是有外延的，被指认为空间的空间。原初空间一定适于这样的无限化进程。这难道不是一种乡愁式的解释吗？进入无限定的空间？关键问题是这独一无二的回溯性空间？通过抑制时-空的二元平面，正是对神的信仰才能立即终止无限性的扩展和坠落。

我的问题是：经由神和自然，经由无数的物体，这个物体（body）一旦作为空间为我服务，在那里，无论男人和女人都能够被容纳、被包裹（envelope）[14]。一旦这样，那就不是男人所认为的那样，这个议题被分割成原初空间和最终的空间。这将导致一种双重回溯：同唯一母亲的关联和同唯一神的关联。这双重回溯能够同时到来吗？对母亲的非限定性追问会引起对神的非限定性追问吗？或者这两种追问不停地交叉跑动？是从一个非限定的空间转换到另一个？还

14　伊利格瑞引用的是法文版的亚里士多德，这对 envelope 的用法有所不同，英译指"容器"（container），这个词在伊利格瑞的《他者女人的窥镜》中的术语表中非常关键，因此这个词的使用须同时参照亚里士多德和伊利格瑞的上下文。——英译注

法文 enveloppe 还有解剖学上细胞膜的意思，也有封套、包裹物、罩子、躯壳和肉体的意思，伊利格瑞根据女性的生理构造子宫和阴道，根据不同语境随机应变地使用这个词的不同含义，她从始源空间联想到子宫，从子宫内膜联想到黏液（细胞液），以及膜状物的渗透性和多孔性，经由这个含义丰富的法文词，从此处之后以性活动现象与妊娠活动现象，引证亚里士多德的难题：空间如何进入空间，即边界如何可能。——中译注

是时时刻刻不断修改自身?或者将其自身从一个封套形变到另一个封套?对神来说,我成了这容器,这封套,这器皿(vessel),成了我正在质询的空间?无论如何最初和最后的裂缝须待解决。

之于女人,她是空间。她是否需将自己安置在一个越来越大的空间之中?在她自身之中去寻找适宜她、属于她的空间?如果不能,她会不停地通过孩子来返回到她自身。她围着对象转,从而转回到其自身。在其内在性之中抓住他者。若不成功,她得假设在无限大和无限小之间有个通道。最终,这两个空间都无法勾画出来。除非在男人的理性中作为一颗沙粒?或者作为自在自为的鸟巢?从一个空间到另一个空间的通道,对她来说仍是成问题的空间,总是在其建构动态化的语境之中。她能够作为空间在空间之中移动。在可资利用的空间中。那么她的问题就是如何追踪她自身的空间界限,以便在那儿适宜她自身和迎纳他者。如果她能够承纳,能够包裹,她须有她自己的封套。不仅仅是诱惑人的华服和装饰,而是她的皮肤。一旦她的皮肤须持有一件容器,那她就是空泛的:

——不是物体
——不在广延之内

——不在广延之外

她将落空并总是将别人跟她扯在一块。落空无极限,没有什么能够阻止这一切:

——鉴于返回到母亲的位置没有现实性,也是不可能的

——鉴于人世间、生死和神的关系

——鉴于性差异的不可化约性

> 再者,既然每一个物体都有一个空间,每一个空间里都有一个物体。那么我们该如何认识增长着的事物?空间也会随着扩大吗?因为空间总不会比物体更大或者更小。(209a, 6th Difficulty, p. 355)

另一个难题出现了

——子宫中的生命

——性关系

实际上,自然和空间彰显了这个难题,无论形上学还是物理学,空间之中的物体未能克服一种原则性的关系。

问题是关于空间的外延,空间的空间,这个物体

或者无数物体的增长和外延的关系。在此物理学和形上学的关节点被忽略了,这两个维度被各置一端孤立起来,但依然是在今天还鲜活的议题(精神分析师会说,让被压抑的空间复活)。

在从一个空间到另一个空间的行程中,一个人必须厘清"所有物体共存的一般空间",那是"每一物体最恰当的原初的定位"。(209a, 2; p. 356)

宇宙包容着所有物体。天空、空气、大地都是容器,它们之于我们之中的每一个(包括男人和女人)没有什么特别的。但每一个人(男人和女人)都有一个空间——这空间仅仅包裹着他或她的身体,我们身体的第一封套,是身体性的认同(corporeal identity),是边界,在描画我们,并有别于他人的身体。形式和形态决定这一个人的尺码,并使得一个身体不会被另一个所取代。这能够称为肉体研究吗?正如真正的独立体。空间是每一个事物的形式,但也是可延伸的质料或尺码的间距。根据柏拉图,亚里士多德会同意这一点的——容器和外延。这将意味着它们在不同的形式之间的生长。而生长又不会与自身相异。这生长以某种方式假定在空间自身之中并和空间自身相伴随。然而,因为空间参与了质料和形式的决定论,它就很难被刺穿。把空间从两者之中区隔出来,那么质料和形式同样难以做到穿透。

空间以某种方式成了质料和形式的"自然",二者寓居其中,在广延中生生不息,直到永远。

对于男性气质和女性气质也是这样,应该在他们之间搭起桥梁(他们被分成作品和自然)。这沟通的桥梁需返回到空间的定义,返回到两性与空间关系的特有处境之中。

> 能看出空间既不是质料也不是形式,这并不困难。后两者和事物都是不可分的,但空间可以。正如我们所指出的那样,那儿有空气,水进来了,一个取代了另一个;其他物体也是这样。因此空间既不是事物的部分也不是它的状态,但是与事物是可分的。空间类似于器皿之类的东西——器皿是运载的空间。但器皿并不是事物的部分,基于它与事物可分,空间也不是形式:他能容纳事物,但又与事物不同。(209b, First Reason;p. 356)

空间不可能仅仅是质料或者形式，单方面的成长和生成。质料和形式跟事物不可分，但空间可以。事实上，空间作为可分离性的一种结果揭示其自身。不可缩减为质料或者形式的一个部分或状态，它如器皿一样显现（器皿也许是空间的变形，它服从于位移？）

这就是说：

——不可缩减为形式并从事物中分离出来。

——不可缩减为质料被当成容器或者封套。

它被定义成包含事物的模式？还以另外的方式接受它？一种运载模式。它既不是自然的扩展也不粘连，因为它会动。

> 既然它包容万物，又无处不在，那它自身就是某种东西，又与外在于它的事物有所不同。(209b, Second Reason; p. 257)

既非质料又非形式，显然是它们的纽带，万物总是"在"某个地方才可能成为事物；就境况而言，一物在"另一物"之中，自身性就无从谈起。假定这样的相契，那就变成事物在一事物之中，就没有自身性了。空间不是事物，但它允承事物存在，可以在其之内或者之外。

> （说点离题的话，柏拉图应该告诉我们为什么理型[15]和数不在空间之中，正如他在《蒂迈欧篇》所说的，如果参与者是空间的话——那它就有大和小，或者就是质料。）
> （209b, Third Reason；p. 357）

什么是数和理型的属性，如果它们不是空间的部分，尽管空间在大和小之中扮演着角色？这样的问题，亚里士多德认为是题外话，其实不然，这恰恰是根本。如果理型和数不在空间之中，那么它们何所在？如果它们存在，就得从空间那里借用"质料"？难道理型和数把空间贬低为质料的残留物？或经验性的事物？

---

[15] 伊利格瑞引用的是法文版的亚里士多德，这一段在描述"理型与数"。——英译注
在《蒂迈欧篇》中，柏拉图强调三种存在：理型、模本（可感事物）和载体。最后一种存在，有时指容器、子宫一样的养育者、处所或空间，"它是一切生成的载体"，飘来飘去，无从定义。亚里士多德认为这是质料，与理型（eidos / form / 形式）相对立。伊利格瑞延续柏拉图的原意，紧扣生成与变化，跳出二元，强调同／异共生。中译本《蒂迈欧篇》，参见谢文郁译注，上海人民出版社，2003年。——中译注

难道它们不在空间之中，将感官和理型的裂隙神圣化了？理型和数来自哪里？这还是没破题。这难道不是世界脚本的议题吗？这是空间的二元性吗？一边是理型和数，另一半是男性气质和女性气质分离的症状？为了征服这独尊且原初的空间诱惑，最好由男人来操持理型和数，并独立于空间？这"上升超拔"并没有刻写在空间之中，使返回空间只有在坠落的形式中成为可能，这被拽入了僵局之中，不一而足。

> 另外，如果空间是质料和形式的话，那么物体又是如何进入它自己空间的？没有动力没有上和下，因此空间必须在具有这些属性的事物中去寻找。(210a, Fourth Reason ; p. 357)

在跟形式与质料的关系中，空间的独立性可以被理解为其自身朝向的是运动之所。一旦与空间分离，作为存在的境况，事物总是感觉到空间的吸引力。空间议题和性差异的议题是相似的，我想强调的是男子气被作为空间的母性-女性（maternal-feminine）吸引。但男子气以什么空间来吸引女人？他的灵魂？他与神的关系？女人能够被刻写在那儿或适宜那儿吗？这难道不是他栖居的空间？不是和他假设的空间相冲突吗？对于男性来说，他也得把自己建构为一个容器，去承纳去奉迎。但男人的形态学、存在和本质确实不太适合这样的空间建筑。除非在母性-女性的空间中发生颠覆，让她们的精神和灵魂能够迎奉神性？在男人那里，这两种器皿之间的关系是什么？他能够接纳她自身的颠覆吗？为她自身哀悼吗？一旦自身和她分离，他能够召唤她并欢迎她进入他自身吗？因为他必须和她剥离，以便能够成为她的空间。正如她总是朝着他移动。如果男人和女人的相遇成为可能，他们各自都需成为空间，为了彼此的相契相合，他或者她都在移动。根据亚里士多德，这样的空间被描述为上和下，在其他的事物中，这符合物理学中的重力原则，正如欲望的机制一样。空间应该是直上直下而不是伸展与收缩，这样空间才能保持详尽周密。这样的空间观依然并永远属于亚里士多德。

> 如果空间在这样的事物中（它既是质料又是形式），空间就会在空间里：两者都承受着不确定性，会随着事物变化和移动，而不会总在同一个地方，事物在哪儿他们就在哪儿。因

此空间须有空间。(210a, Fifth Reason ; p. 357)

如果空间在事物之中，这样一来必然是空间在空间之中。有一个空间的空间。实际上形式和非规定性随着事物一起改变和移动，他们的确不会待在同一个地方，事物在哪儿他们就在哪儿。

事物在空间之中，而空间也在事物之中。空间在其之内和之外伴随着运动；这就是事物之因，与其相随。在无限的外延之中。自带空间来到事物的面前。在那里建立起制高点和槛界，是外延发生的条件。如果没有各步骤的翻转，会有可能吗？除非事物的制成不停内爆？除非我们每个人返回他或者她的空间，去找他或者她的动力因，然后转向其他的空间，或者他者的空间。这将意味着，每一个阶段，都有两个彼此相互确定的空间，一个和另一个相符合。两个空间动力？两种空间根据？当他们来到一起，两个推动力，都在变化。这一个，那一个，彼此相互决定。至少是二，直至无限？

这两种推动力总是以同样的方式适应对方吗？一个总是来自外部，另一个来自内部？抑或时外时内？假设空间同时既是外在的又是内在的，那么就可以设想动力因既非一直作用，也非不作用。这可以设想是对封套的颠覆？这样一来，目的论就不可能一直是直向前行，也可以扭转、颠倒和跨越。相互交叉涵纳，这时候目标也可以是推动力。这就是事物，就是境况，就是器皿？若此，空间自身就能够从一个形塑成另一个，从里到外，从外到里。空间能够扭曲改变自身。经由他者？在过去与未来之间，永不止境？

如果女人在其自身之中，其存在是二：她自身和作为容器的她——男人和阶段性的孩子。她似乎只能是某一物的容器，如果这是她的功能的话。基于道德，她仅被设定为孩子的容器。也许还是男人的容器，但不是为其自身。

显然，她不能以同样的方式容纳孩子和男人。她不是同一只"器皿"。但这器皿的定义还不够复杂。在其中有竞争：

——孩子的容器

——男人的容器

——她自己的容器

在这竞争中，第一类实际上是唯一空间。第二类空间的穿刺是为了第一类：一个通道，不是真正的空间。第三类是被禁止或不可能的某种东西——也许是为切除质料（hylē）而确立的？这是必需的，弗洛伊德认为，女人和母亲剥离是为了进入男性欲望。如果她仍保留对母亲的共情，她即依然滞留在自己的空间里。母亲就是她的模板？回到其自身就意味着转向母亲（和）自身。她在其自身的容器中将容器-母亲内化。在这二者之间，她存在着。仅仅通过容器的理念化这有可能吗？空间的理念？不仅作为某种存在、某种事物，同时还是空间？在这样的语境中，空间总建立起一个内部。那么是怎样一种内部被升华，被铭记？

问题就变成了某一事物既是自为的又是为他的。假设男人和女人不是在同一时间成为事物的。也许女人在婚前就应该成为某种事物，男人在其后？成为女人是在其自身之内，男人在其自身之外？

> 另外，水由气产生，空间就被破坏了，因为物体不在原来的位置了。那么这被空间的破坏是指什么？
> 我的结论是空间必须是某物，其理由是一个难点，可能关涉空间的本质。(210a; p. 357)

这样一来问题就产生了：

——关于疲软（detumescence）

——关于射精

——关于孕育

这些与性活动相关。实际上，空间的破灭是指进入另一个空间。我们该如何处理空间难题，这里涉及的不是切割和毁灭，而是空间关系中的律动性生成？回到自身就是朝向他者移动？自我吸收是为了收回朝向的张力，这扩张……

事实上空间存在，但它能改变自身吗？其本质很难定义。本质的保存是为了孕生，为了引发，为了自身的原型，而不是为空间，为了空间的变形？

> 因为器皿并不是其所承纳的事物的部分（装东西的和所装的东西毕竟不同），空间既不可能是其内容物的质料，也不可能是形式，必须区分开来——对于后者，就是说内容物既是质料又是形式，质料和形式都是内容物的部分。（210b；p. 358）

质料和形式不是处所。如果这和两性关系类似（除非思想和这关系类似，对于弗洛伊德，万事都有性意味，思想什么都不是，而是性的升华，或有升华的参与），子宫是小孩的容器（也许小孩是在那里成型的？），女人的性（器官）是男人性（器官）的容器，她可存可取，还能在此变形。

女性性（器官）既非质料又非形式，但是个器皿。这器皿变成了另外的形式，正如女人那样。因此她既是形式又是质料，因而她才是女人。若只考虑小孩，那她就不是这样的。正是小孩让子宫扩展。而性关系也常常被设想为小孩和子宫的关系，撑开一个结构是占有那地方（焦虑就在于要么不够要么太多了）。

在男人的领地，就是引诱、爱抚，攫取一种形式，耗散，然后堕落到面目全非或者撤返回胎儿状态。堕入情网的男人，我们不是常常称之为另一个孩子吗？

在女人的领地也许是性活动。她为男性（器官）赋形并在身体之内雕刻它。她成为容器，一个活跃的性空间。母性是额外的。关联到二者的融合：超越形式？超越遗传？一种比消极更消极的行为？关于女性身体的性征是永恒之谜。就某个层面而言，她又不是特别消极。可以设想在女人的性行为和母性的性行为之间好像有个颠倒——两个模式可相互置换。此外受孕和怀孕被遗忘了。母亲被设想成是"积极的",因随后小孩诞生,处于母性状态。难道女人不应该被设想为是顺从的?难道是因为男人害怕在性活动中失去主动权?这取决于他随意的侵入?因此,母亲和妻子功效应该从空间观上做个颠倒,正如男人-女人的功效。

> 空间承纳[16]事物并且就是这事物的空间。
> 空间不是事物的部分。
> 原初空间既不比事物更大也不比事物更小。
> 空间与事物分离后,可以存留下来。(210b-211a;p.359)

这只能是包裹胎儿的膜状物。正如在妊娠期间,封套不可能与事物完全吻合,她,实际上是他,这胎儿,他们女人和他们男人,在更大或更小的量化关系中不停改变。

---

16 在伊利格瑞所引用的法文版中,这一段被描述为:最初的包裹(l'enveloppe premiere)。——英译注

这让我们想起皮肤。皮肤也被构建成事物，但我们却无法与之分离。

我们该如何避免记起性活动，正如作为空间的女性（器官）？在这疑惑之中，男人的第一"故乡"悄悄地建造起来了，但是用他自己的皮肤。女性（器官）作为皮肤是为男性器官服务的，为他自身。没有他者的维度：这黏液。性活动的维度？它的方式？它的机制？超越皮肤的共契（communion）。

上与下是所有空间的性能。令人惊奇的是一个球面空间在上与下之间并没有明确的区分。尽管性活动部分具有上和下，升与降。身体在这语境中，有时轻盈有时沉重，有时温暖有时冰冷，不一而足。但身体依然要在另一个身体中契合，而不是改变另一维度。这能够被理解为是球面的建构，或者球面的形式？

空间研究一直被运动所掌控。如果考虑到"天堂"，在"空间之中"就会产生更多的思想，那是因为其"持续的运动"。运动既是"移动"，又是"增长"和"减少"。这实际上是指空间的变化，正如子宫里的小孩在改变空间。在女人的身体里男人的空间也在改变，更大和更小都和保存事物的封套相关。这里所指的也正是他们二者之间的关系。

> 我们说某物在世界之中，其实是说它在空间之中，因为它在空气之中，空气在世界之中；当我们说在空气之中，并不是说空气的每一个部分，而是指包围在事物表面的空气；如果所有的空气都是它的空间的话，那么事物的空间就不可能和事物同样大——它只是被假定包裹它的空间和它一样大。（211a；p.359）

如果所有的空气都是空间，每一事物即不可能和它一样大。当然同样大就是事物直接的空间。

> 那包裹周围［封套（l'enveloppe）］和事物不可分离，相互结合着，那被包裹在内的事物，根本而言就不是空间，而是整体的部分。（211a；p.359）

是否可以理解成身体和皮肤的关系？这与胎儿跟最初的封套膜状物和脐带的关系完全不同。尽管胎儿在母体之中与其共体，尽管它以流体为介质从某种连续性到另一种：血液和乳汁……胎儿的地位很特别，小孩可以幻想他自身是母亲身体的一部分。他也确实属于那身体，被那身体滋养直到他降临这个世界。一个整体的一部分，胎儿是部分，这将会影响到阴茎幻想。也许是阉割的幻想？如果没有这幻想，没有作为整体的部分，阴茎就不可能显现其自身，也不可能设想其和整体的分离，他曾"属于"那里。显然阴茎的运动某种程度上和另一个整体相关。是双重整体吗？就他自身和他者而言。为什么从母体的分离，即运动的暂停或者悬置被叫作阉割或身体的剥离，除非男人想要成为母体之中更大的一部分？这显然是不可能的。再者，在性活动中，空间关系有时候会引起封套的流变、多孔、僭越、别样的感知。而生育就可以被设想为是对膜状物的穿越，并享有他人的体液。

  事物可以和包围着它的东西分离，也就有接触，接触面是包裹物的内里，这内里既不是其内容物的一部分也不会比内容物更大，他们是一样的，具有最大限度的一致性。

  另外，如果一物体和另一物体相连，那

> 它就不是在另一物体中运动而是两者一起动。再者如果它们是可分离的那它就在另一物体中运动。而容器是否运动那无关紧要。(211a; p. 359)

可与封套分离也可接触,物体直接内在于封套的表面,这封套既不是内容物的一部分也不会比物体的延展间距更大,它们是一样的,和最大限度的接触相连。

再一次,涉及胎儿的空间关系(或者接触点限制着它的生长?)以及男性器官和女性器官等议题都指向物体如何契合封套。吻合与分离——这是两性在不同维度中相遇的视界吗?是封套的翻转,几乎是要罩住无限性?

还是别的?

——是否可以思考基因资本,思考皮肤,思考皮肤所参与的基因资本。理论上,"我的"皮肤和我的生长一致。

——在妊娠期,总有个裂隙,这是封套之中的物体和封套自身的间距,而封套多多少少要和物体相匹配,那鲜活的流质(羊水)被一分为二。

——在此对封套的定义与某种"理念式"的性活

动相关。正是皮肤组织的弹性使得理念成为可能。（然而有演变，有升华，有生理学的转换伴随着无休止的生长和展开……）

🍎

什么是空间？什么是形式？什么是质料？什么是二者的间距？什么是极限？"有四样东西，空间是其中之一。"（211b；pp. 359-360）

显然空间不可能是这两个：

——空间不是形式。因其环绕性和包裹性，形式显现为空间：包裹的边界和被包裹物是一样的。实际上有两个边界，它们是不一样的。形式是事物的边界；空间是被包裹物的边界。

——空间也不是间距（"极限间某种延展"）。然而容器保留着，它容纳着变化。间距是边界之间的介质，它独立于可置换的物体。这不对，但它确实发生在一个又一个物体的空间里，倘若间距也是运动物体之一，那么它也能达成接触。

物体的变化和间距的改变是欲望机制的重要议题。位移的朝向与间距的还原，这正是欲望的运动

(通过扩张与收缩)。欲望越强,同时就越倾向于克服间距并保留着间距。间距可能会被变化的物体占据?欲望的目的在于克服间距,移动才有可能。当皮肤能接触,间距就趋于零。当黏液通过时,间距产生。穿过皮肤,接触就越界了。欲望问题在于抑制间距而不是抑制他者。因为欲望能吃掉空间,以这样那样的方式,就宫腔模型来看,欲望要么回撤到他者,要么毁灭他者的实存。要维持欲望,必须得有双重空间,一对封套。否则神朝向间距,将间距推向无限。不可化约的。打开无限性和所有的超越性。基于此,间距将会产生空间。

> 两极之间的外延被认为是某种东西,因为当容器(封套)不变,其所保留、所分离的事物是变化着的(水从器皿中倒出)——这就假设了可置换物体之外的东西。实际上不存在这样的外延。自然会有另外的一个能够位移物体进来与容器接触——始终是这样的。(211b;p.360)

难道性接触的悖论和难题堪与神的问题比肩了?

当然，这与事实不符，间距仍然是空间，就色情之中有关身体的差异感和身体槛界而言，空间是有可能的，关键在于坚持那些唇（或者眼睑）？女人的性处处描画深渊。在无限大和无限小之间摆荡？

就部分而言，子宫正是空间。当然所揭示的仅仅是子宫间距的功效，关键性的功效从没有被放弃过。从而才产生了对第一家园的无限眷恋？间距不可能被放弃。[17]

> ……两者中所有的部分都和先前器皿中的水一样移动，同时空间也在变化；那么这就出现了空间占有空间，一个空间和另一个空间相一致。当器皿和内容物一起移动，其内容物作为整体的部分，空间仍不变：在那儿只是水和空气相互接替，不是在他们所产生的空间里，这空间是整个宇宙的一部分。
> （211b；p. 360）

---

17 见 Luce Irigaray, *La Croyance même* (Paris: Galilée, 1983)。此文亦收录于 *Sexes and Genealogies*, trans. Gillian C. Gill (New York: Columbia University Press, 1993)。——英译注

宇宙充满元素。它们都具有从一个转换成另一个的潜力，但它们都同等地充盈在整体之中。宇宙被设想为一个闭合的容器，接纳所有的元素。

> 质料似乎也是空间，如果把空间当作静止的也是可分离的连续体。正如质变，黑变成了白，软变成了硬——这就是我们说的质料——空间也是如此，具有同样的现象——之所以这样说，那是因为原来有空气的地方出现了水，或原来有水的地方出现了空气。(211b;p.360)

空间的举证似乎是在空间之中元素的转换。

> 空间必须是"内容物的边界（如肉体封套），在此才能接触内容物。（内容物意味着移动方式。）"(211a;p.361)

"内容物"的边界可以被理解成子宫。如果没有外部性，欲望能走向无限。如对神的欲求，难道朝向神的欲望之路并不知道有个普遍的外在性？

性欲望朝向子宫,但又不再返回子宫,那么性欲望可以走向无限,因为这欲望从未触及"内容物"的边界。物体朝向另一个容器而不是去设想保留它的此时此地(hic et nunc)。不是在他者的多孔性中穿越现实的容器,而是抱持着对另一个家园的眷望。

穿越黏液膜状物,穿越物体或肉体时,从来没有任何关于内容物的边界作为皮肤的观念。内容物的边界有可能是女人身体性的认同,通过内在的联合体得以重生和再次触摸,不会被返回子宫的思乡之情所破坏。将爱和欲望剥离开来,这样做毫无意义,也不会把性去道德化、去伦理化。相反,在性活动中,他者能赋予自我新的形式、新的生命,是自我的道成肉身。这不是肉体的堕落,而是身体的复活。没有任何行为能够与其相比,性行为最富有神性。因而,男人让女人感受到她的身体就是空间。除了她的身体,还有她的阴道、她的子宫。他将她放进她的身体里,放进广袤的宇宙,将她从其依附着的狭小境地中解放出来。

当男人从里到外重造女人之时,他也重置了自己的外在性,一个在外部的行动者和创造者。他主动把自己放在外面,为自己重塑一个身体。会运用工具?为了引发他者的身体,他重建自己的身体。用他的手,他的阴茎——不仅是愉悦的工具,而是联合的工具,道成肉身的工具,创生的工具。

女人作为容器,永远不会闭合为整一。空间不会关闭,边界触及彼此的抵抗。不去触及内容物的边界他们能做到吗?在边界之间存在两种接触,并且是不同的:在槛界处碰触一个人的身体;包容他者的碰触。当母亲和小孩被一个和几个封套剥离,这也是和小孩身体的相互碰触。在容器里孩子在动。这是某种位移吗?看起来好像不是。小孩将去向何方?走向滋养他的地方,引导他从一个空间到另一个空间?再一次,走向在空间之中的生长运动?

> 因此空间是其内容物的最内在的静止的边界。(212a;p. 361)

🍎

> 如果一个物体从外部占有另一个物体并容纳它,这就是空间,反之则不然。(212a,5;p. 361)

好像胎儿应该在空间里。正如男人的阴茎在女人身体里。女人在家里,但这和身体性的方位不是同一类空间。另外,空间在她的内部,空间在空间里,不仅仅是器官,还是一个器皿,一个接受者。作为母亲和作为女人,两倍的空间。

这就是为什么不在容器里的水,也能移动。
(212a, 5; p.361)

某种女性快感的表征和没有容器的水流相似。双重标准,在男人看来,一个非空间性的女人。她被分派为一个不占空间的空间。经由她,空间的建立便于男人使用而不属于她。她的快感"类似于"潮汐,当她容纳,容纳她自身时,空间里有什么,她就是什么。"酒",也许是男人在性活动中倾倒出来的东西?长生的灵丹妙药,是空间自身。

存在不同于空间的极度快感吗?从最根本的到最精微的,难道不是吗?从子宫到天堂,从大地到天空,从地狱到天堂,诸如此类。食物的实情难道不是把某些事物导入空间,并使它们得以保存或流失。身体和食物在大多数情况下上扮演逃离"主体"的角色。

从女性快感的角度来说，还原为流体仿佛是非生产性的。从她的包覆中分离出来。之于空间，和容器分离，和内容分离，它/他/她徒剩空无？对于他者，正如那些"固体"：小孩。女人一分为二：她和流体的关系被习惯性地低估，另一方面高抬她和固体的关系。这样的评估过程是模糊不清的，正如她如此在乎这会剥夺她自身最精微的部分：空间，她持有的空间，不可见的。竟然被忽略，消散了？就这样卑微地消散了。即使是不情愿的或者无意识的。

这空间是亲密的产物，是此时此地，是别具一格的颠鸾倒凤。是她记忆的源泉？一种性的炼金术，一个人总是由此避免性的单调和乏味。总倾向于保持它并予以升华。在此之间。在时间的间距中，在时间之中。编织时间的恶，时间的纹理，具有空间感的时间，或空间中的时间。在过去和未来之间，或在未来与过去之间，空间中的空间。不可见的。这是器皿吗？是容器吗？是灵魂的灵魂？

有个第二容器，难以觉察依然在那儿，为男人在其性关系中所用。如果容器转而为她所用，在她"优雅"的外部弥散开来，该是多么恰切呀。她也许就会被重新保留，在空间之中用空间来保存。要感谢她的伴侣。某种恒常的预设，也许吧？或许在她的子宫里已经编织好了的空间重返到她的空间观？她将被时空所编织，她才能保存下来，她曾私下设想过。

这样一来，没有什么比女人的性态更具有精神性：总是在为感官制造超验的处所，性成了摧毁之网，或者找到其自身，在无休止的生成中存留。和宇宙时间为伴。在男人的时间和宇宙的时间之间。依然相信整一并在他者之中寻找节律，也许吧？

不幸的是，二者常常被切割开来。两种节律不再是和谐的，总是一个从另一个那里剥离出来。这难道不是造成错误的诸神和错误的地狱？为了避免出错，须有个女性欲望的炼金术。

> 作为整体是可以移动的，另一方面也不能移动，整体的部分却能被移动（针对一部分在另一部分之中）。(212a, 5; p. 361)

整体的部分相互包裹？有没有相互破坏的情况？是指物体的部分彼此相互依存吗？有没有相互破坏的情况？在爱之中，整体的部分有可能是相互契合的——男人和女人的结合——彼此相互包裹，而不是相互毁坏。如果从一个到另一个的旅程是双向的，就会形成包裹空间，该有多美妙啊。如果在部分之中的旅行是为了离开，以便更好地返回，那么就会生成并恢复时—空的相互性，而不是抹除和摧毁，也不是用于另外一种运动的燃料，或遁入虚无和分离，而不是结合。在这个和那个之间，本应该在运动之中相互包裹。对于这一个和那一个来说，总是在整体之中相互缠绕。更多的时候，这一个或那一个总是在破坏别人的空间，以为这样就能获得整体；他们拥有的或建构的仅仅是整体的幻觉，总是在破坏两者的相遇和吸引的间距。世界被其本质性的符号破坏了：即性行为的系词（copula）。性活动向深渊敞开而不欢迎创生和创造性的探索。

> 对于整体来说，不需要在同一时间里改变空间，它做圆圈运动：而这个空间是它各部分的空间。有些事物不是向上或向下运动，而是做圆圈运动；有些只做上下运动，这些事物可以被浓缩或稀释。（212b, 5；p. 361）

事实上，整体不会改变空间而是在圆圈里运动。宇宙在转圈圈？绕着转？男女之间的爱也是这样，而不是被野蛮地劈成两个（柏拉图，《会饮篇》）。在柏拉图的故事里，起初男女是一体的，他们才能滚动，死死地抱在一起。后来被劈开了，才会无休止地找寻失去的另一半，抱得更紧了。除非这一个或那一个宣称自己是整体？建构自己的世界成一个封闭的圆圈？向着另一半完全封闭自己，并坚信除非敞开伤口，没有通往外部的出口，就不可能参与到爱、美和世界的建构中。

在圆圈里滚动的事物能够滚入与另一个的关系之中吗？在两个方向上？一种吸引的空间。在哪里物体被包含？既在又不在同一空间：事物存在于容纳它的他者之中。但是，希望给予，他或她把他者建构为接受者？除非他拒绝（尼采："大渴望"，见《查拉图斯特拉如是说》："我给你全部"，但"谁该说感谢呢？难道不是给予者该感谢那个接受者的接受"，让他进入空间。"哦，我的灵魂，我给了你一切；谢谢你接受了"，谢谢你成为空间）。[18]

---

[18] Friedrich Nietzsche, *Thus Spoke Zarathustra*, trans. Walter Kaufmann in The Portable Nietzsche (New York: Viking Press, 1964), p. 333.（伊利格瑞此处的引用综合了几个段落。——英译注）
中译本参见尼采：《查拉图斯特拉如是说》，孙周兴译，商务印书馆，2017 年，第 358—362 页。——中译注

男人成为空间是为了接受吗？他接受了女性的极乐？怎么回事？难道女人成为空间是因为接收到了男人的极乐？这又是怎么回事？一个人又是怎样把物理学转化成形上学的？阴茎在生理上的可接受性到可接受性的包裹是不可触不可见的，但这就制造了空间？

II

自爱

自爱？

说"自爱"是有可能的，但这种表达也存在一些问题：封套的问题，自我和在自我之中的双重性问题，自我和在自我之中的设定问题。

自爱。这位置是复杂的。谁在爱谁？或者谁在爱什么的一部分？主客体之间的关系究竟是怎么被规定的？两个不同主体间的关系？

自爱。我假设这和我自身相关，但怎么相关？这个我是被假设为和其自身相关，但如何？通过怎样的中介？什么样的方式？什么装置？什么样的两个术语：爱的主体和被爱的自身？

自爱创造了一种独特的运动，一种主动和被动之间的玩法，在我和我之中，在那里发生了一种双重关系，既非主动又非被动。我没有放置一个原初质料在这个运动里。这个质料就某种程度而言已经被给予了。既不是主体也不是自我被固定在这样一个被给予的位置上，没有爱的可能，这两者就会被分开。这联系的发生和编码没有一致性：既不是主动语态又不是被动语态，更不是中间语态[19]，即便和它们有点接近。

自爱提出了语言问题，主体的问题，世界的问题，他者的问题，神的问题。

自爱代表了一个谜题，一种不可能，有时还是禁忌。在性的主体论领域，存留着的所有自爱是某种手淫，一种愉悦和极乐的模式。但爱？似乎更困难一些，没有必要被愉悦和极乐困扰。自爱是爱诺提出的问题，是神爱的提问，是色情主义的提问，是死亡的提问。

我如何能爱我自身？在这爱里谁是谁？我和我自身相关，我感动自我，或被自我感动。那感动我的

---

19 古希腊的一种语法，一般指中间语态：既不是主动语态，也不是被动语态，表达主体行为的一种操演，他或她的一种纠结状态，一种只在乎自身的感觉投射。——英译注

是我的特质。但是谁或是什么将那个在爱又在被爱的同一个人分开的？再者，如果被分开了，是谁又是什么将它们再次聚拢到一起的？

自爱：男性视角

男性说法的自爱听起来是一种怀旧的注解，因为母性-女人永久遗失了。作为男人或人类，自动感怀是为了寻找第一故乡。男人的自我感动依赖的是女人，那个给予他生命和存在的女人，她曾生出了他，曾包裹着他，温暖他，喂养他。自爱采取一种经由他者的漫长返回形式。一个独特的女性他者，她永久遗失了，并在许许多多、无限多的他者中被搜寻。返回的距离可以被神的超验性所克服。找寻值得珍爱的女性他者，以便将她纳入神性之中。女性他者就这样和上帝和诸神混合或混淆在一起了。

自爱，对男人来说，意味着在三个极点中摆荡：

——对母亲-子宫实体的怀旧

——通过父亲吁求上帝

——有关自我一部分的爱（原则上是舒坦的，以此掌控性别模式）

根据这样的机制，女人也可能成为独立的个体，成为一加一加一……这破裂总体之上的无限系列。

第三包含了其他两项，我们须做个区分：

——通过相同的他人自爱

——通过相同的女性他者自爱

经由此时此地的他者，自我感动的是爱的付出与回馈：

1. 介于时间的双重性，既非对过去的纯粹怀旧，又非对独特未来的期盼，这被说成是纯粹的。

2. 并非要延迟过去与未来的碎片整合[整合问题更多是与空间相关，在性话语中可以被说成是部分驱力（partial drives）被重组到生殖之中]，也不是拖延到明日的犹疑，它需要释放和蓄能（在戏剧中，这个过程与时间相关，同时也暗示了语言和言说的宣泄-贯注功能），需要累积再归零。

3. 也不是在他者中简明的部分自我，无论相同的他者还是他者的他者，但通过他者的旅程返回自我，通过怀旧的和期盼的时—空，自我得以建立。

这样的自我该如何朝着当下敞开？敞开得充分吗？我的情态依然是敏感的。封闭或包裹起来制造了一个自我。足够独立，才能感动自我或被自我感动；

足够近亲,感动才有可能。自爱总是有点双向连体的。迁移和反射。双重迁移。充分的二和一。

但不是以这样的方式

——更小的和更大的(父母模式有时续存于和神的关系中)

——也不是整体与部分

在自爱之中,有个二,但不是真正的二——被给予的我和自我立马分开又没有分开。

自爱:女性视角

女性视角的自爱,要在传统之中去认识,这更加困难。当然,理论上来说,不是更容易吗?更容易并且也更困难。

就历史而言,女性是用来建构男性自爱的。不是说已经在爱了,或者在今天更容易建立起自爱。远远不止这些。不是说自爱是自我的明证。这涉及我曾说过的怀旧、信仰和期盼,返回到过去,悬置超越,不可接近的超验,灵魂实存的资源,劳动力,创造,主要的独特的创造,家庭:家,妻子,小孩,自我的延伸。要实现自爱,需要许多事物,而这自爱总是受到威胁,始终是危险的,不稳定的,更多的时候是伤痛或愚蠢地夸大其词:自信的匮乏扭曲成自负的表演,一种社会性的或理智的借口没有欺骗任何人,尤其女人。自爱——不如说它的贫乏和岌岌可危——是对性的防范,尤其倾向于夸大勃起在诱惑中是多么必要。勃起也一直受到威胁,一直失败,通过小孩的再生产,勃起的匮乏得到补偿。因为在性关系中,他一直处在自恋的不安状态之中,并把这种惶惶然投射给他者,就像主人卸下他的问题放在奴隶的肩上或放在"物"上。评估女人正如评估他自己——她的母亲角色与其父亲角色相关,是其力量的明证。

自爱对男人来说,并非自我的明证。不同境况是用来辅助他的。作为某种外化的形式,性(器官)表现其自身,以此他可以爱他自己——尽管有危险,有遗失和破碎的威胁。总的来说,那器官是用来展示和表演的,用来表现和再现的,哪怕在其运动的时候也这样,相对于女人的性器官而言,这是虚假的。正因为性的展示效用,男人为这制造了无数的替代品;通过存在的事物、他所创造的事物、客体、女人——用于分配他的欲望。每次欺骗的代价就是他相信他在爱,或被爱,实际上以某种确定的方式。

自爱在女人这里较为复杂。显然，女人总是为自爱的男人服务。事实却是女人与外在的关系和男人有区别。女人是通过她生养的孩子在爱自己/被爱。这是她带出来的。她自己不能看到她自身的欲求（除非通过另一个女人？不是她自己？女人之间爱的危险在于认同的困惑，缺乏对差异的感知和尊重）。对她自身而言，欲望的表现和再现已经丧失了。她的"终结"。（无从定义的）一连串的一加一加一，等等。不同于男人，什么男性气质和女性气质对她来说毫无兴致。因为她参与了母性？还因为她是独一无二的？还是因为她的欲望在同样的机制里无法言说。正如安提戈涅（Antigone）所说：他要唾手可得，或者死去。不和死亡。或：死亡。对女人来说，唾手可得与死亡不是一码事。这更像是对生命无限性的质询。向着极乐的无限性敞开。男人在超验性中设定无限，总是延迟超越，即使超越概念。女人把在场的极乐扩展开来。舒展身体给其外在性，给身体自身以外在性，在连续的时-空之中给予自身，而不是在对器官这个词的感官层面上。在无尽的时-空中给予自身，抑或抵制任何限定。字面上说，如果人——或她自己——不必工作，不必养活自己或者生育（这是其极乐或其他极乐的中断),女人才有可能永远活在爱中。打断爱的行为取决于她所面临的困难。她总是要得更多,精神分析学家(尤其拉康理论)是这样告诉我们的,他把这更多等同于病理学。[20] 其实,这个更多正是女人欲望性化的条件。要在日常之中取得满足是不可能的。但这不是病态的。正因如此,因此,男人活出了这痛苦,体验到了和空间断离的不可能(一出生,就离开母亲—母体),女人也活出了痛苦,这痛苦就是无法体验到在时间之中或与时间断离(这是她们经验-超验的交错配置吗?)。男人从始源空间分离出来,万物都成了这始源空间。他的生活就是流亡,在过去和未来之间流亡。女人却能够占有这个空间性的处所。她的角色是协助性的,因为她和这循环有关,但不是在传统的爱的行为里(在其中,她作为时间的节律无法接近语言)。即使她无限扩展进入空间,也有失去时间的风险[除非为了永恒?我们是否该重读尼采《查拉图斯特拉如是说》的"七封印"(Seven

---

20 见 *On Feminine Sexuality, the Limits of Love and Knowledge: The Seminar of Jacques Lacan, Book XX, Encore 1972–1973*, ed. Jacques-Alain Miller, trans. Bruce Fink (New York: W.W. Norton & Company, 1998)。——中译注

Seals）]，[21] 她的性别不用去服从律令，冒险勃起和疲软。她的极乐是非限定的感触引起的。在性行为结束时，这槛界不必标记为界限。她能参与男人的行为，能制造这行为，而自己可以不动作。在爱的行为中，她发现自己或多或少舒展开来了，或多或少被深深地触动了，或多或少在某个时刻打开了自己的欲望。时间并非以同样的方式在测度男人和女人。一个无时间性的句子？一个不会停止的乐章？舒展着直到永远。永远敞开的地平线，只因困难而锁闭，被另外的节律所打断。[22]

在这旅程中，她很难标记不同阶段。她缺乏折返回自身的力量，她徘徊在她的四周。裹覆她自身力量的，不仅是诱惑男人的华服，还有其他事物，有时候说成是她的极乐，她性化的身体，她呆在其中的家，

---

21 中译本参见尼采：《查拉图斯特拉如是说》，孙周兴译，商务印书馆，2017 年，第 370—376 页。——中译注
22 有关这一点，请见我于《他者女人的窥镜》"容积-易变流动性"一章中对于触摸的论述：Luce Irigaray, *Speculum of the Other Woman,* trans. Gillian C. Gill (Ithaca: Cornell University Press, 1985), pp. 227–240, and in "When Our Lips Speak Together," in Luce Irigaray, *This Sex Which Is Not One*, trans. Catherine Porter with Carolyn Burke (Ithaca: Cornell University Press, 1985), pp. 205–218.
相关汉译本参见《他者女人的窥镜》，屈雅君等译，河南大学出版社，2017 年，第 453—487 页；《此性非一》，李金梅译，桂冠图书，2005 年，第 267—286 页。——中译注

那从外部裹覆和保护她的地方。传统把她放置在家里，遮蔽在家里。但那家一般是由男性劳动力支付的（这是世俗的法，正如宗教的法），家环绕着她，一种内部的流亡（这是否意味男人的外部流亡？），除非她能够以某种方式，以其自身的欲望、属于自己的爱、自己的极乐化成这封套。由此，在爱的行为结束时他们还是一体的，不会被疲软的节奏所影响，身体不会被撕成碎片。当她的伴侣或她自己过度专注于她身体的某部分并大声读出：一加一加一加一……

不再依赖男人的眷顾去自爱，这才是根本的。至少这不是绝对的。但整个历史将她和她自己的爱隔离开来。弗洛伊德的性学说宣称，女人须搁置对母亲的爱和对自身的爱，这样才能去爱一个男人。为了去爱男人，她须停止爱自己，而对这个男人而言，他被期望并能持续地去爱他自己。他宣布放弃爱母亲，是为了爱他自己。她宣称放弃爱母亲和她自体性欲（auto-eroticism）是为了不再爱她自己，为了单独地去爱男人。进入男人-父亲的欲望。这并不意味着她爱他。她不爱自己谈何会爱他？

这揭示出来的问题有时候具有否定性——即女人取得她们自己的意识。如果她们不爱她们自己，女人将不会去爱、去欲求其他男人。女人不再想要去成为爱的守护者,尤其这会成为病态的和不合时宜的爱的时候。女人想找到她们自己,去发现她们自己的身份。这就是为什么女人们相互搜寻,彼此爱护,彼此交往的原因。直到这个世界真的发生变化。这样的历史时刻无可避免,这是抵临爱的必要阶段?

至少以"二"去爱

直到今天,在大多数情况下爱依然发生在"一"之中。"二"只不过是为了形成"一"。即便这样,爱能达成"一"的目的,这也是例外的,需要巨大的努力而不是通过律法强制。你们合二为一,这是律法的宣判,但律法没有说这该如何奏效。这发明出来的义务并没有向我们演示该如何去服从。

去探索"二"如何被制作出来,直到有一天成为一个"一",这里的第三个就是爱。

目前,有个"一"建立在劳动、财富和话语的区分上,有个"一"是用来支配增补的:但爱只能是自由的。还有个"一"化身成小孩——绊住那三个术语,一种非联盟的联盟。如果"一"有待实现,我们必须得去发现"二"。

前提是这几项任务已经成功地处理好了：

1. 不再有母性功效和父性功效的等级制，还原为劳动分工的效能：生育和劳动力，一方面是社会和象征系统的再生产，另一方是文化资本的再生产。

2. 爱和情欲不再剥离。

这与父性功效等级制的划分相关。

这爱成了恒常的悲剧，忧伤的悲悯，过度的沉溺（也许是没有爱诺的神圣形式）。

这爱被缩减成性技巧，猎取新的目标和手段，以乏味收场，期盼的幸福在世界的尽头。

3. 当女人变得丰富；女人们可以结社。

如果女人们无法进入社会和文化：

——她们就会被抛入彼此隔膜、相互漠然的状态，以及她们和她们自身之间的隔膜；

——就无法中介升华的运作；

——爱依然是不可能的。

如果爱发生于"二"，还要经历许多。因为在我们的传统中，社会是由男人并为男人组织起来的，女人无法多元地去参与。如果爱和文化的多产性能够发生的话，女人们须建立社会实体。这并不意味着女人须完全像男人那样进入当今的权力系统,她们有能力建立起与她们的创造力相应的新价值。社会文化以及话语都是性化的,但不是单一性别所垄断的普世价值——人们也许还没意识到身体及其形态学被刻印在想象和符号创造之上。

4. 女神的存在

对女人来说,内在性、自我-亲密性只有通过母亲-女儿,女儿-母亲的关系得到建立或重建,这关系是女人为她自己反复-演练的。她自身的自身,优先于生育。在她的童年期,在她的母性创生功效中,她才有能力去尊重她自己。这对我们的文化来说,是最困难的部分。基于传统,数世纪以来信仰的是父亲—上帝,经由圣母,产生上帝-人子,母性功效只服务于圣子的诞生。这功效当然是神性的,在女人之中没有神的谱系,尤其在母亲和女儿之间。福音书极少强调圣玛丽(Mary)和圣安娜(Anne)之间的良好关系,这还包括圣玛丽和圣伊丽莎白(Elizabeth),玛丽与其他妇女,等等。尽管社会的转折点形成了"好消息"的一部分,但几乎没有什么文本和布道来传达和教授这些消息。《新约》的释经也很少留意基督总是为女人付钱。事情总是定格在圣父或圣子的荣光中，而忽略了经文本身。有许许多多的种子躺在宗教文本里休眠，而成熟的有机体总是沿着天父的方向而不是女神或女人-母亲的方向。女神这个词实际暗含很多神，并非一个。无数世纪以来，"一"保留在对上帝的贞信中，对唯一的渴望恰恰是某种男性怀旧，源自对遗失了的子宫的热望。回归到母亲那里绝无可能，于是以天父取代这返还。

这样的搭接（bridge）理论上对女性无效。她们缺少界域（horizon）和在过去与未来之间发展的基础。她们的存在是男性时间和永恒的衍生品，没有什么超验的尺度是为她们准备的，她们也就得为自己制作一个出来。超验性任由她们去拥抱母性，与此同时拿小孩来回报她们。在她们的极乐中，超验性环绕并包裹着她们。把她们包裹在多孔性和黏液之中，这才是她们。为她们打开所有的时—空，她们就会饱含爱意地绽放。

女人需要自爱：

——从传统空间和处境中脱离出来；

——爱孩子，过去爱，现在依然爱，这爱享有母亲和孩子之间的相互裹拥；

——开放的，爱是相互的，并通往差异的。

这包裹在女儿和母亲之间,母亲和女儿之间,在女人之中总是开放的,而封闭则出现在诱惑或服从的状态中,"为了他者的理由"抹除任何主体位置(subjecthood)的可能。在相同的境况下给予同样的爱,所形成的内在性才能向他者敞开而又不会迷失自我,也不会迷失于无底深渊般的他者。

对女人来说,问题是谁在爱谁?与男人相比,自爱似乎更神秘。因为女人不可能为她自己而将自身设定为一个对象。因可能性"位置"的缺失而导致的不稳定,她任由他人来安排——男人或母亲。她不会把自身当成对象来爱。爱自身是内在性的。她无法看见自己。不可见的,她在一种触摸的记忆中维系这种爱,在痛苦之中,但又无法觉察这空间,这实体,这质量。没有工具,没有对象,一种触摸,一种隐秘的经验,难以侦测。来自内部的,由内到外、由外到里的潜在通道,没有裹覆,从一个空间到另一个空间的运动,但仅有一个过道空间及其他的运动。

在精神分析的范畴里,通道还没有得到思考。哪怕想象一下也没有?除非作为病态的症状。被遗留在前客体(pre-object)的阴影里,在痛苦之中,在被遗弃的融合状态之中,不会作为一个主体浮现。没有时-空可以体验它。这非时空的经验是可利用的。传统空间是由男人、孩子、家务、烹饪所创造和占用的。不是女人为她自己创造的。她被男人当作客体,自爱的发展受到遏制。她得应允自爱,没有神圣结合(consummation),也能感触自身,一种不可见的情态也可表达。

从现有的再现性雕像来看,这自爱才可与圣象(icon)相比,区别于偶像(idol)和拜物教(fetish)。圣象中由内到外的通道所秉持的是可见性之中的不可见性:圣象辉映着不可见性,从不可见中凝视可见性。相反,偶像是用来招徕凝视的,因而是盲目的,阻碍人们接近一种不可见的光芒,它是光闪闪的,它是迷幻的,它不会导向另外的槛界、另外的世界、另外的凝视、另外的意义,导向这些事物的质感,它反而会破坏我们的视界。拜物教是这样的空间:内在性受到警诫,至少被承保了。某些珍贵的"事物"被藏起来了,因隐藏而珍贵,但并不意味它是不可见的,不存在的;拜物教让我们相信神秘的价值或价值的神秘性;在诱惑之中建立起或破坏了不可见性的力量,正如某些现实必须得到认识,但不仅仅是可见性的这一面,或其颠倒的那一面,而是现实的质感,它的保护壳,这里和现在,此时此刻;这不是简单的上手的工具,而是另外一种维度的融入,凝视、言说和肉体。

这样的维度在我们的传统中被遮蔽、被吞噬、被降格为来世。这将女性置入被遗忘的境地,导致深渊、遗弃,以及他者-男人的离散。迷失,怀旧,男人确信女人就是他的记忆;他让女人来守护他的家园、他的性(器官)、他的历史。但这并不能让自爱永存。把母性-女性放在守护爱的位置,但又不让她爱自身。女人有意将爱视为其自身的保护色,但不用返回自身,她的爱无法接近"属于自己的"空间-时间。

她很少知晓其自身,很少怀旧,很少瞥见她的奥德赛(Odyssey),会去告诉她眼泪来自尤利西斯(Ulysses)。他们不会因相同的爱而流泪,而是因为她参与了他的自爱。如果女人去询问她们的"自爱",结果会有所不同,她们的旅程将会是完满的。

阻止他者——男人或女人——追寻他或她的旅程,这是无用的。

以"二"去爱,知晓何谓分离,何谓团圆。他或她都去探寻自身、去与另一个相遇、去拥抱对方、去珍惜、去给契约贴上封条。

惊奇：
读笛卡尔《论灵魂的激情》

我们需要重读笛卡尔，记住并学习运动在激情中的作用。我们需要思考这一事实，所有的哲学家——不包括新近的？为什么会这样？——几乎都是物理学家，总是支持或者他们的宇宙论总是和形上学为伴，无论微观的还是宏观的。直到最近这样的研究基础才被放弃。这是由于自主的认识论建立在科学之中？

物理学和思想的断裂毫无疑问会威胁到思想自身。我们的生命，语言、呼吸和身体被撕裂开来，被推向好几个世界。我们被驱散到原子或能量回路中，从而失去了共同根据。第一哲学或者上帝再也无法为必死之人提供庇护。惯常的做法是，撤返到前理念的图式中，我们才能幸存，理想化的建筑术，这耐心的工作：在理型自我（ideal ego）和自我理型（ego ideal）的形式中，[23] 进行欲望的家庭-社会化分层，带来了宗教狂、恐怖、宣传和空洞口号的回潮。这些激情的消极形式使得主体更逼窄、更局促、更飘忽，无论生长的土壤还是理想的天国。从始至终，道成肉身的元气不再通畅。没有那扇窗，没有感官的舒张，世界，大他者或他者。为了栖居于此，为了改变。激情所缺乏正是惊奇。

> 有些对象在我们与之邂逅的那一刻，会引起惊奇，因为它们的新颖，或因它们带来的全新的认识，或与我们的想当然完全不同，这些都让我们感到困惑和惊奇；无论人们事先以何种方式赞成或反对这些事物，我们都如初相见一般带着好奇心的激情去面对它们；这激情没有对立面，让我惊奇的是这些事物除了表达自身之外别无他图，然而我

---

[23] 理型自我，是弗洛伊德的概念，即"超我"；自我理型是拉康的概念，指语言-象征结构中主体的位置，这个位置是被结构所决定的，是被理想化了自我，因此在临床上，和（病）人嘴里说的"我"没有关系。——中译注

们对此往往无动于衷,漠然地去对待它们。
(René Descartes, *The Passions of the Soul*, art. 53, p. 358)[24]

惊奇无论在什么层面都是推动力。从最生机勃勃的到最崇高的,生命需要惊奇来推动。从所有的感觉到所有的意义,事物必须是善好的,美的,可欲的,万物才相聚在一起。然而,如果有人要求一种等级化的感觉(在时-空之中),对"男人"来说,重要的是找到一种关键性的速度,一种生长的速度,来跟他的感觉和意义兼容,他就知道该如何停下来歇息,为他自己和他者保有余地,看见并沉思惊奇。惊奇作为行动既主动又被动。是创生或创造的基础及其内在的秘密?是力量和行动结盟的空间。也许男人已经停止生长了?停止思考他所是?如尼采和海德格尔那样,永恒往返到循环中去了?

---

[24] 英译本参见 René Descartes, *The Passions of the Soul*, 出自 *The Philosophical Works of Descartes*, vol.1, trans. E. S. Haldane and G. R. T. Ross (Cambridge: Cambridge University Press, 1931; reprinted, Dover, 1955)。(以下英译本将笛卡尔的术语 l'admiration 译作 wonder。——英译注)
中译本参见《论灵魂的激情》,贾江鸿译,商务印书馆,2005年,下文出自《论灵魂的激情》的引文皆参考此译本,少数地方略有改动,"wonder"一律译作"惊奇"。——中译注

但这返回的结果无论是重新扎根于肥沃大地的重生——男人们已经耗尽他们的资源，只能去重新翻培他们的土壤——还是一系列的加速转变。这一切终结了对恶之善的纯化，或者破坏了整体性。相应的，正如具身化的我们不能违逆生长的节律。我们必须加速还是制动，和世界一道还是相反，和他人一道还是相反，也许都是。反正通过提速，这机器难道不是无可避免地在毁坏我们吗？

除非有惊奇？我们能在机器看不见我们的地方看着它、沉思、惊奇吗？惊奇在那儿，并没有看见我们？

当然，他者——他或她——能看见我们。重要的是对他或她产生惊奇，即使他或她正看着我们。去战胜这视角，创造我们宜居的空间，一种变化的理由和意义，一条让我们自身停泊的道路，通过惊奇前进或撤返。

这首要的激情不仅与生活相关，还是一种伦理发明。关键是要经由性差异。这别样的男人和女人会一次又一次地带给我们惊喜，和我们所想所知的他或她应该是怎样的完全不同。这就是说我们去朝向他者，朝向他或她，带着问题盘问一下我们自身从而靠近我们自身。你是谁？我是并且我成为。要去探究的不是这样一来我们是否会适应。他者永远不会单纯地让我们感到舒服。倘若他或她完全与我们相契，我们就已经将他者缩减为我们自身了。过度抵抗是指：作为处所的他者实存和生成，允许联合并通过抵抗产生同化，或化约为相同的。

征用（appropriation）之前和之后，惊奇都存在。它不同于拒绝，后者尤其以反对立场来表达自己。惊奇先于相契没有对立。为了感染我们，它还没有被我们的俗见吸纳或排斥，它是必须而充分的惊诧和新颖。它在唤醒我们的激情，我们的渴望。我们总是被那些未曾编码的事物所吸引，我们还没有遭遇过好奇心（也许在所有的感官之中：看、嗅、听？等等），或者被好奇心塑造，我们都这样，我自己也是这样。

惊奇能吸引我的是，让我远离对自身的同化和占取。惊奇就是时间，总是被当下所覆盖？这桥梁，这驻留，这恍兮惚兮（in-stance）？我不再身处过去，也尚未身处未来。关键是"二"之间的通道：两个封闭的世界、两种普遍性的定义、两个时空、两个被身份认同所定义的他者、两种纪元。可以分开但没有伤口，守候或挂念，没有沮丧，不会关闭自己。

惊奇是对自我的哀悼，哀悼这独裁的个体。这哀悼是凯旋还是忧伤。惊奇必须降临,是一桩他者的事件。是新故事的开端?

> 和惊奇相关的是重视和蔑视,这取决于我们感到惊奇的对象是伟大还是渺小。而且,我们也可以对自己有所重视和蔑视,一些激情由此而来,之后,人们会形成或大度或傲慢,或谦逊或无耻的习性。(art. 54, p. 358)

客体总是已经被了解了的。因其尺度得到重视,这尺度还决定了惊奇的品质,这对象就不是纯粹的。它进入了对立、矛盾的世界,而不是走进一个开放的新时空。对象变成了与其他维度相关联的一种能力,而不是新的变动能力,后者对其视阈和品质依然是盲目的。

另外,这里笛卡尔用他的激情来塑造我们:伟大的(部分)激发重视和大度,乃至傲慢;渺小的(部分)激发蔑视、谦逊和无耻。对笛卡尔来说,不存在一种相对于(vis-à-vis)大度的渺小。这可以理解为试图缩减至渺小,会让我们的惊奇失望,正如我们无力去尊重一颗种子，它刚刚生发，正在成长。这意味着激情最初是根据量化来定义的？虽然性差异不能被量化，尽管传统上或多或少会采取这样做法。

还有母亲，她大度地朝向渺小的那一个。还有男人继续要女人做母亲并且仅仅是一位母亲，当他重视那伟大的，他却热爱母亲一如他小时候一样，或许应该为发明伟大而到骄傲，但却忘记了自己是谁，是怎么成长的。

这就斩断了时间之流。最强烈的激情是朝向未来，如果他们切断通往过去的桥梁和道路，就会迷失在时间之中。他们自身会迷失在邪恶的无限性之中，而不是待在非界定性之中，总是无限的，把与世界、他者、对象、上帝邂逅的当下当成界限（如果主体不是单独发明他从而关闭他的世界）。在时间和空间中惊奇，激情就会承担迷失的风险，失去数、品质和他者的实质：欲望。欲望应该是时空的向量，最初的运动朝向，不可评估。以主体的激情或客体不可抗拒的吸引力作为动量。有时在主体这边，有时在客体这边，不会冻结在断言中，世界一分为二。

这样一来，在主体和世界之间，惊奇和欲望的自由空间得以保留。这才是断言的实质？话语的实质？

它们常常回到自身而不是留下张力跟方向,向他者敞开。以两种断言向他者言说,有这回事吗?断言风格已经给出了?主体成了世界、对象和他者的主人。事实上笛卡尔摆出主体激情命题,相应地,客体即成了主体激情炼金术的结果。对象的诱惑力来自主体。它的显现是由他人制造的。

惊奇经验被排除了?也许在欲望之中,笛卡尔把它放在次要位置了。惊奇是主体和世界之间的启明(illumination)时刻——它就是并仍然是沉思本身。

> 惊奇是灵魂突发的惊诧,使得灵魂专注于罕见和优异的对象。这对象是罕见的,值得用心对待的,并在我们的头脑中留下深刻印象;然后是精气的运动,在印象的支配下携裹着巨大的力量冲向头脑,在那里,激情得到强化和保存;这运动还会进入肌肉,让感觉器官保持在同步状态并被感觉器官所保存,如果惊奇是由感觉器官造成的,那它就这样形成了。(art. 70, p. 362)

笛卡尔把铭刻的空间放在大脑中。惊奇是由惊诧（surprise）引起的吗，罕见和优异对象的突发影响，在大脑中刻下的印记依然是一个不可接触的空间？它们是微弱的，并不是过去印象的强化，它们自身是纷扰的，由于重复，无法产生影响、无从铭刻。惊奇标记了一个新的空间，向着新的铭刻空间，精气运动来加强和保存它。其实正是："这运动还会进入肌肉，让感觉器官保持在同步状态并被感觉器官所保存，如果惊奇是由感觉器官造成的，那它就这样形成了。"惊奇的力量来自惊诧，一些新颖的事物得到保存。这不会引起心脏和血流的变化，涉及善与恶的问题，涉及肯定性或否定性。这里依然残存着一种理智印象和知性目的，一个纯粹的问题要力争一个相应的答案，即谁或什么是惊奇的对象。甚至在此之前就已经知道了这对象是否相应于身体的善好——对心脏和血流来说至关重要——惊奇是针对认知的渴望，就是说是谁或是什么唤醒了我们的渴望。

　　力量来自这样的事实：新的事物或新的个体以某种不曾预料的方式改变了精气的运动。这是独特的激情事实，还会遭遇另外的激情，那是因为惊奇一直在发挥作用。动力来自开端。在轨迹的出发点，运动具有最大的力，大过常规增长的运动，笛卡尔认为，有规律的增长的运动才能抹除风险。惊奇来自不可触摸但可铭刻的激情空间,一种提升兴奋运动的独特属性。笛卡尔解释说,当我们正常行走的时候,一只脚是感受不到重量的,但当脚发痒时却是不可忍受的。

> 关于惊奇的作用我们可以说出很多,它能够让我们在记忆中了解和保存我们曾经忽略的事物;因为我们只会对那些罕见和优异的事物产生惊奇,之所以罕见,不曾显现,是由于我们曾经忽略了它,或者与我们知晓的事物有所不同;正是这不同我们才把它称之为优异非凡。不过,一事物对我们来说是未知的,对于我们的理解力和感官来说展现为新的事物,我们就不会记住它,除非通过某种激情,在头脑中形成一个使之得到强化的理念,或者通过理解力的协助,引起意志的特别关注和反思。并且其他的激情也会使我们注意到那些似乎是善好或邪恶的事物;但仅有惊奇是针对那些稀有的事物。我们也发现,没有这种惊奇禀赋的人通常都是愚昧无知的。(art. 75, p. 364)

在笛卡尔这里，与众不同的是刺激性，因为它罕见而非凡。在主体的初始位置上可欲的总是受欢迎，因为它们不被了解，带有陌异性，是未知的事物。而性差异正是如此，但笛卡尔不会想到这些。他坚信的是差异感的魅力，能激发记忆。

然而事物的重复在抹除记忆，除非伴随着某种激情，或我们知性的努力。

某种激情有助于我们留意事物的好坏，但惊奇仅仅引领我们朝向稀有的事物。那么没有这种禀赋的人就非常愚钝了。就此而言，指女人？她们缺乏对客体和他者的推理能力？

但是，如果惊奇是智力的证据，还涉及理智禀赋，尤其涉及记忆，那么理智的贫乏也会引起大惊小怪。这反而阻碍了理性的运用。但这原初的激情没有对立面，它保持着年轻的状态。它更像是"尽一切可能地远离我们自身"。通过强化理解力，意志能辅助惊奇，那么能治疗大惊小怪的只能是"丰富的知识"，以及"考虑所有可能显现的最罕见最奇异的事物"（art.76, p.365）。因此，并不是要固着在稀少罕见的一个对象上，而是自发地朝向几个就可以了。因此，正如不要被单独的某个女人所吸引,可欲的恰恰是分散自己在好几个之中?

惊奇与爱的问题被保存下来。这激情为何是剥离的?我们难道不是不经大脑在掏心掏肺地爱吗?我们是在头脑中而非在心底里惊奇?笛卡尔有把生理学当回事吗?他用生理学家的语言在描述激情。在这一点上他区分了男人和女人的差异?为了把物理学和心理学结合在激情的位置,他建构了自我的情态(ego's affects)理论,这近似于弗洛伊德的驱力(drive)说。激情动力说并没有照顾到性差异,反而把惊奇作为激情的首要性。而这激情反而被弗洛伊德遗忘了?激情保留了物理学和形上学之间、身体印象和朝向客体运动之间的通道,无论经验的还是超验的。在天空和大地或地狱之间,原初激情和永恒的交叉口,在那里,那些相异的,尤其性别相异的才可能相互吸引。在这样的平台上,或以性差异为出发点,贯注的撤返才不会被他者,被世界所吞没、毁灭和废除。

尼采的《善恶的彼岸》不也是旨在返回惊奇吗?[25]

---

[25] 在本书第231节至239节,尼采都在谈论"女人问题"。中译本参见尼采:《善恶的彼岸》,赵千帆译,商务印书馆,2015年,第213—214页。——中译注

抵临一种纯然的知识激情,纯粹的理性之光?对笛卡尔来说,无须血脉偾张、心跳加速,就能断定善恶。在对立性的行为之前和之后,仍然有惊奇:纯粹的铭刻、纯粹的运动、纯粹的记忆,乃至纯粹的思想?谁是那个尼采情有独钟的女人?在永恒形式之中:永恒。这唯一的女人,是他想和她有个孩子的女人(《查拉图斯特拉如是说》,"七封印")。相宜的女人出现在最初的激情和最后的激情,惊奇才可维系。在瞬间和永恒之间。未经勘测的吸引和返回,不存在障碍,飞跃所有海岸和港口。有无限导航,才无限轻盈。有种比心灵的必然性,情感的必然性更加轻松的运动?飞舞般的运动?抽离大地一切就变得安全了,穿越水流的航行——海岸、空中、天国。这才是运动激情的方向。能穿越?永不停歇,不动声色,正如笛卡尔所说。震惊是麻痹人的恍惚。要把精气推入颅腔,那才是惊奇所在之地,有时会过度,被印象所占据而不一定进入肌肉,也没有偏离大脑的初始轨迹。这就意味着身体是不动的,像尊雕像,而最初的对象也保持原来的样子,由此,不可能获得有关对象的新知。过分惊奇这会让人想到成年人爱的破碎,一种被孩子所标记的稳固轨迹不可抹除。无力惊奇,无法彼此敞开心扉,无法朝向新的对象去运动。笛卡尔的意思是让大脑清爽。失重,尼采会这样看。其赌注就是一而再再而三地惊奇,无休无止。紧握方向盘但不发布任何东西。也就说转向那些有印象、已经发布了的事物,化解冲突,在彼岸寻找推动力。有吸引力或惊奇的"对象"依然不可能被界定、确认和施加影响(而不是说认同或边界的匮乏):大气、天空、大海、太阳。正如被登录的永恒女性,一个充分敞开、广袤的他者,由此他才能永远朝着她行进。其实并非什么永恒女性的形象和表征,而是女人-母亲,在包裹我们的同时总是绽出她自己?奔向她但不会抵临她,内与外没有区别。在她之内朝向她行进?这运动甚至先于欲望?从而保住了运动光芒,运动的自由,持续而新奇的推动力。每一次都是第一次。

❦

惊奇不是封套。惊奇与时间相关,在时空之前和之后是可以界定的,绕着转,圆圈运动。惊奇率先建立了开放性,环绕和缠绕紧随其后。激情一经诞出就不会被爱再次封裹。没有怀旧般的原初逗留,是可触摸的，朝着吸引并在吸引之中运动。是初相遇的激情。是恒久的再生？一种情态持存于所有的他者形式中，彼此不会化约。激情开创爱和艺术，还有思想。是男人重生的空间？也是女人的？超验的创生，他者的创生，在感官世界之中，是物理的也是肉欲的，还是精神的。是身体和精神融汇的生发之地吗？这地方一次次地被覆盖，越来越坚硬，生长和繁茂不断地被阻碍？一旦我们相信恒久更迭的自我、他者和世界，这一切就有可能。相信生成，相信纯洁，相信推动力量，同时不放弃身体铭刻的支持。惊奇是种邂逅的激情，在最形而下和最形而上之间相遇，一个接一个地，可能性概念的激情，多产的激情。第三个维度。一个中介。不是这一个也不是另一个。这并不是说中立。人和神，永生和必有一死，造物和造物主之间，这处境的根据被遗忘了。在我们之内，在我们之中。

封套：
读斯宾诺莎《伦理学》，"论神"

界说

> 自因，我理解为这样的东西，它的本质即包含存在；或者它的本性只能设想为存在着。（Baruch Spinoza, *Ethics*, p. 355）[26]

这是对神的定义，可理解为：这是自为的空间，其自身由内向外翻转并自居。必然而独尊。孤独，但

---

26 英译本参见 Baruch (Benedict de) Spinoza, *Ethics*, Part 1, "Of God," trans. W. H. White, rev. A. H. Stirling, *Great Books of the Western World*, vol. 31, *Descartes, Spinoza* (Chicago: Encyclopaedia Britannica, 1952), pp. 355–372。以下《论神》中译本参见《伦理学》，贺麟译，商务印书馆，1997年，第3—44页。——中译注

自在、自足。在"时空"中无须他者。男人在他的空间中思考或探究神；男人并没把他的空间给予神。

这也就是说：本性可以设想为存在着，或：将本质外翻提供了它自己的封套，这必需的必然性存在。这提供了它自身时空必然性的存在。

因此：

——我们不一定存在，因为我们没有为自身提供自己的封套。

——男人比女人更具必然性，因为他从她那里获得封套。

双倍的：

——在他的或通过他的必然命运的存在。

——作为爱人的角色。这是偶然的？除非幸福？为了生殖又成为必然的了。

那么，作为胎儿、父亲和爱人，他被包裹。

但是

——男人接受封套。天性使然！反过来也一样。男人并没有提供他自身的封套，除非他的天性被设想为在女人之中。本质上，是在女人那里被设想的。

——理论上女人就是封套（这套子是由她提供的）。但她没有本质属性或实存性，就此而言她是潜在的：一个可利用的空间。她应该成为她自身的根据——跟男人相比，至少应该有个偶然的形式——如果她包裹她自身，或者再度包裹，在这封套中她能够"给予"。这封套是她"属性"（attributes）和"情态"（affections）的一部分，她无法使用这自因。如果以她自己提供的来包裹自己，她只能被设想为是存在的。到一定程度就会出现：女人的痛苦在于男人无法设想女人不存在。男人如此需要女人的存在。如果男人被允许相信或想象他们的自因就是他们自身，他们就得思考封套是"属于"他们的（尤其伴随着"上帝之终结"或"上帝之死"的宣言，除了思维局限，神无论如何在历史领域是可以断定的）。要建立起这所有物——若没有上帝的担保——封套必须存在即成了律令。因此，母性-女性存在的必然性就是男人自因的根据。但不是为了她。她必须存在，作为男子气主体的时-空先验条件（如康德所说）。有个根据从未被揭示，因为惧怕自身认同的断裂和坠毁。她不必作为女人存在，作为女人，她的封套总是微微张开（如果男人在今天还把他自身思考为上帝，女人就会是个副词或者具有上帝这个词汇的属性，正如迈斯特·埃克哈特大师所认为的那样)。[27]

> 凡是可以为同性质的另一事物所限制的东西,就叫作自类有限。例如一个物体被称为是有限的,我们就可以设想另一个更大的物体。同样,一个思想可以被另一个思想所限制;但是物体不能限制思想,思想也不能限制物体。(p. 355)

由此我们可以得出以下结论:

——上帝是无限或无限制的,因为没有存在物如此;

——男人是有限的或有限制的,或被同样性质的事物所限制;或被更大事物所限制。因此:

——被他的母亲所限制,即便他不这样想;

——被他的女人所限制,即便他不这样想,而归因于空间—封套的扩张;

——被上帝所限制:他也许无知,不想了解思想

---

[27] 埃克哈特(Eckhart, 1260—1328),中世纪神学家,对海德格尔思想有所影响。著有《埃克哈特大师文集》,荣震华译,商务印书馆,2010年。——中译注

和宇宙总是比他所处的任何时刻都更广袤。上帝是否创造出了思想的自足性从而来限制男人呢?

在性差异这里,存在一种即刻的有限性和界限,作为两个身体相遇的结果,两种思想,如果有"神"的干预,那也是无限性和无限制的。

如果没有两种身体和思想,斯宾诺莎认为坏的无限性就会出现:一种思想限制另一种身体,反之亦然。不再有有限性或限制,或接近无限。事物是否最好是被行为所塑形?的确是发生过,一而再再而三,加一加一加一……女人的多样形态既不是要接近无限,也不是要接近有限。

倘若男人女人同样是身体的和思想的,他们为彼此提供有限性、界限和可能性,通过封套的发展去接近神性。封套越来越大,视界也越来越开阔,而封套变得越来越必要但彼此不同。但过剩总是这样:通过为他提供自因,女人成了他者的根据。这样的设置必须为此开放才可出现。就说能够通过质的差异性。本体不会在实存中被认识到——斯宾诺莎会这样说?也许对于男人,这运动是颠倒的?通过实存去发现本体?男人不可能展开他们的本质进入实存,因为实存也许已经建构了某种本质。

在性差异中，有限、界限和进步是必须的：这要求两个身体、两种思想，"二"的关系，视角更广阔的概念。

斯宾诺莎认为，身体不会限制思想，思想也不会限制身体。二者保持"平行"、永不交汇。性差异的问题，是在"上帝之死"之后伴随的问题，一个本体层面的本体性差异，这个时期要求我们思考思想和身体的断裂问题。整个历史性或者历史的哲学分析都在表明，存在依然被认为是身体或肉体[海德格尔所说的"逻各斯"(Logos)，见于他关于赫拉克利特(Heraclitus)的讲座]。[28] 思想和身体依然是割裂的。这在社会和文化层面，引起了非常重要的经验和超验的效果：话语和思想成了男人的特权。并且是"规范性"的。时至今天，身体任务仍是女性主体的责任与义务。二者的分裂导致了病态思想的无根状态，正如身体（女人和小孩）多多少少是"低能"的，因为他们缺失语言。

爱的行为是否意味着肉体在给身体输液？显然，

---

[28] Martin Heidegger, "Logos (Heraclitus, Fragment B50)," in *Early Greek Thinking: The Dawn of Western Philosophy*, trans. David F. Krell and Frank A. Capuzzi (New York: Harper and Row, 1975), pp. 59–78.
中译参见海德格尔：《逻各斯，赫拉克利特，残篇第五十》，出自《演讲与论文集》，孙周兴译，生活·读书·新知三联书店，2005年，第219—247页。——中译注

获取就是给予。这能够让我们摆脱平行。两性以偷窃和蹂躏的方式彼此渗透,这机械式的相遇或多或少是为了制造一个孩子。为了制造一个身体?或仅仅是一个身体?只要我们的思考不能局限于身体,反之亦然,性行为没有可能,没有任何思想,任何想象或者肉体的象征。经验的和超验的区分开来(就像男人和女人各自承担的角色?)身体倒向一边,语言在另一边。

> 实体,我理解为在自身之中通过自身而被认识的东西;换言之,形成实体的概念,可以无须借助于他物的概念。(p. 355)

斯宾诺莎这里说的是上帝。只有神在其自身之中,被其自身所认识,无须他物,概念就能形成。仅有神能够依其本质造出实存;这就是说他在概念的形式中形成其自身,无须与其相异的概念就能形成。

神独自自在,仅凭自身(en soi, par soi),自主与在自身之中(en-soi)相关联。自在地仅凭自身不是取决于一个空间来发展其自身吗?自在被自为所认识不正是意味着:有种限制和给予的能力吗?除了自身,不被任何事物所限定或决定,言外之意就是,一种半消极性,但又不会消极地受到其他事物的影响。一种难以认识的消极性。除自身之外，没有什么力量或身体广延可以忍受他者的行为。

这就是说，若这界说仅仅应用于神，这界说就是被界定的，神也是被界定的，是被男人界定而不是被神自身。因此，观念意义上，神在人之外决定其自身。他没有提供他自己的概念，除非通过男人之口。显然，在传统上的某个时期，上帝分派他自身：化成言辞，就是律法，以不同的模式道成肉身。但在大多数情况下，正是男人以概念的形式命名，并把神置于创制概念的空间。

同样，除了神，男人无须其他人就能认识自身，形成他的概念。但人与神的关系，或神与人的关系，似乎是循环的：人定义神，反过来神在决定人。

这种状况不适宜于女人，与她相应的不是概念。在古希腊就这样认为，她缺乏稳定的形式和理念，缺乏对其自身提供上述所有概念。作为质料，或概念外延，她没有概念予以自处，或认识他人，理论上，她须通过男人才能拥有与人的关系，与世界的关系，与神的关系。实际上她能够做到这一切。

公则

> 一切事物不在自身之内,就必定在他物之内。(p. 355)

存在一定被包裹它的空间所决定:

——存在着的事物本质是封套,存在的本质也是(见"Of God," Definitions, I)。因为它在其自身之中。

——或者在其他事物之中,依赖他物的存在:不是自因的。

被持留它的事物所决定——那包裹它的事物,包裹它的存在。

> 一切事物如果不能通过他物而被认识,就必定通过自身而被认识。(p. 355)

回应界说三,对实体的界定。

不在自身之中就意味着在他物之中。这依然是空间问题,对空间的需要(除非是神),作为从半消极到消极的通道,从主动情态(auto-affection)到他异情态(hetero-affection),从自觉、自发,到决定、创造,乃至被他人所生产。从必然的循环和神的自足概念到对差异的认知，总是某种别的事物。

> 如果有确定原因，则必定有结果相随；反之，如果无确定的原因，则绝无结果相随。（p.355）

万物都发生在因果链条上，在"存有"的谱系性序列中。须有个给定的原因，即已经存在着的，若有结果，就是确定结果。但是确定的原因是否从本质而来的，而本质并非给定的？这个问题斯宾诺莎没有谈到？在他那里自然和神是同体的。

什么是确定原因和被揭示的原因之间的关系？这论据，这存有，这论据的问题是中立的，事实上神返回到一种非规定性的、未知的中立状态之中。

但回到我的假设之中，如果女人没有宣示其自身的根据，这就不会产生什么结果。但母性-女人也是根据的根据。这难道也是一种非决定的方式？总是躺在论据背后。在其背后已经被因果链条所决定了。要么：在女人这边的因果链条还没有被发现，仍待揭示。母性-女人在这论据形式中展现、宣示其自身，但不是规定性的,也不是确定性的。也就没有什么效果接着产生。这样一来身体和肉体的思想依然缺失。一个和另一个互生互惠的确定性依然缺失,这与平行性相对立,平行性阻碍了将母性—女人描述为一个可以赓续的原因和结果。实际上,平行性也让男子气迷失在因果链条上,正如男性身体或肉体与自因和概念的关系,除非通过那个终极原因,即上帝。

对女人来说,在因果链条上没有原因和结果的铭刻,比如亚里士多德就认为女人的产生是偶然的,一种遗传反常,病态的怪物。他认为,孩子是由男性种子单独产生的。女人的种子是不必要的,它不是一个根据,还会阻碍创生的可能性(看下这段奇怪的引言,很多人都引用过,但如医生的口吻:"女人不像男人那样释放同样的精液,生育并非一般人所认为的那样是两种精液的混合。更多的时候女人认为性交没有愉悦可言,反之,如果她们能和男人感受到同步的愉悦,女人就会难以忍受——除非有适量的月经流出来。")[29]

女人,似乎就是一次性的"质料"。单纯接受并

---

[29] *Aristotle: Generation of Animals*, trans. A. L. Peck (Cambridge: Harvard University Press, 1963), pp. 97–98.

不意味着呆滞。甚至不是空间？始终是一种带有威胁性的原始混沌。连神也不愿靠近的。害怕承受结果的晦暗？女人能够无缘无故地成为结果吗？一种必然性因素。作为男人的偶然因，这议题才能出现？一个遗传的错误。一种神性的突发奇想？而神却在男人的身体之外给予女人生命。

> 认识的结果有赖于认识的原因，并且包含了认识的原因。（p. 355）

通过回溯，对结果的认识包裹着对原因的认识？经由包裹，隐瞒和遮蔽了认识，并且是否通过迂回和撤返的路径产生了认识？

对结果的认识包裹着原因，这会唤醒母性-女人，哪怕是生育的生理结果，原路折回到"男子气"和他的思想，并吞没它。因为这并非作为根据的思想，母性-女人是否伪装成了根据？以面纱来吞没（一种肉体的幻觉，或者玛雅面纱？）。隐藏了它？我们需要破译它、探究它，阐释对结果的认知，以此获取对原因的认知。这难道不是对认知的颠倒吗？为什么那些论据不是一种有关结果的思想呢？为什么原因已经发生了呢？因这原因来自上帝？原因已经就是结果了，除了上帝。我们可以赞成没有原因就没有结果，但原因已经就是一个被给予的结果了，或者是结果的结果。原因的谱系对应着一个结果的等级。两条平行的链条永不交汇，但却相互规定，尤其当它们相互缠绕和解开的时候。那是因为自因是自行包裹的，并发展为定在，被我们对结果的认识所包裹。自因向我们揭示其存在，我们再以对结果的认识去包裹和遮盖它，这正是我们认识原因的基础。

对结果的认识包裹着对原因的认识？从认识角度看结果吞没了原因。"神学"的双重运动，向上和向下运动。如果有自因，本质包裹着实存；如果没有自因，对结果的认识就包裹着原因。如果我从造物出发，向上移动这个结果链条（就会抵达非受造的原因，它的知识，或一个终极因，在逃避我们？），如果我从上帝出发，向下移动原因链条，就会来到自因的基础之上。

没有给予的原因，就没有什么结果。对斯宾诺莎来说，这里牵连到神迹（miracle）。有种没有论据的结果：无法解释，"奇迹般"的结果。在认定"神迹"之前，斯宾诺莎认为我们无法知觉因果链条的伸展，尤其我们无法分析从偶然性到必然性这样的关系。观念的弱化或窄化导致对"神迹"或"机遇"的坚信。[30]

> 凡两物间无相互共同之点,则这物不能借那物而被理解,换言之,这物的概念不能包含那物的概念。(p. 355)

概念是把握、感知和设想事物或力量的可取性。概念比感知更有活力,或者更准确地说,概念会锚定心灵的活跃点,感知则指定了一个被动的点。事实上,当概念习惯上作为男子气特权的时候,女人更靠近心灵,保有感知力。

我常常被问到这个问题:如果性差异存在,那么男人和女人之间存在着怎样的路径?也就是说,男女之间过去的关系不是由性决定的。用斯宾诺莎的话说,这等于假设女人不能设想,或许男人也不能如此设想?(但不能这样,因为斯宾诺莎正在设想他的体系……)

---

[30] 见 Spinoza, *Ethics*, proposition 33, scholium I (p. 367):"除非我们知识的缺陷,一物就不能说是偶然的。"
中译参见《伦理学》,第 32 页。——中译注

如果性差异存在,是否意味着男人和女人没有什么共通点?如我们所知,至少有孩子作为一个结果。在我们的头脑中,孩子依然是男人的结果,一种男性种子,尽管生物学不是这样的。我们依然认为卵子是消极的,女人的身体也是,女人主导感知力,即使偶尔被感知到。

什么是男人和女人的共通点?两者都是概念的和感知的。两者之间没有等级差异,都有感知和设想的能力。去承受去出动(to suffer and to be active),去承受自我和理解自我,去接受自我和包裹自我。男人和女人,因彼此是自由的变得更加开放。自由和必然性是相互关联的。彼此给予自由和必然性。自在、自为、为他。

如果我存在,相应地,我就是某种必然性。我才是自由的。这样一来,男子气概念就会抹除女性封套,如果这是唯一的结果,是男子气的,女人就没有必然性。

在男人和女人之间,无论如何有差异,无论男女,实情却是任何其中一个概念都无法包裹另一个,桥梁是可以建造的。有两个办法:

——生殖

——上帝

但从历史起源来看,女人是没有概念的。她被认为出生自男人的封套,上帝促成此事。然而女人在男人出生之前包裹着男人。是否上帝的干预让双方都拥有封套的相互限定?这就是为什么每次考虑性行为时,都要思考上帝的问题。

男人女人在封套之中的敞开总是以上帝为中介。如果不信神,男人就为女人制定律法,把她囚禁在他的概念之中,或者至少保持与他概念的一致,而不是在等待上帝时将她遮蔽。女人包裹着男人,在他出生之前,直到他能在她的体外生存,女人发现自身被某种语言套住了,被不可思议的空间套住又无法逃脱。

男人想同时成为男人和女人,这已经不是什么新鲜事了:他总是自负地由内到外翻转封套。想成为万物的主人,使得他反而成了话语和母性自然的奴隶。

III

同一之爱 他者之爱

同一之爱,所有他者之爱的基质

同一之爱在古代或许被理解为无差别的吸引,这爱不会也不愿意去了解作为差异自身是怎么回事。除非我们重新思考整个哲学史,这历史将某种思想和情态的构架强加于我们。这包括权能(potency)的起源,尤其是和液体相关的部分从没有被提到过(为了强调贯通性,在所说的脉络之间总是留下没有说出的部分?)

同一之爱就是对初始地且必然地可设想的、生养、滋养和温暖的爱。

同一之爱就是无差别的爱,这爱来自地球—母亲,人类最初的栖居地。

同一之爱是本体性的爱,为超验他者提供质料。而本体的存在论裂缝是一种遗忘的结果:在物体或肉体的其所是和其所愿之间纵身一跃的结果。

大他者之爱也应该是同一之爱,不会这样去认知自身,由此与其阐释相抵触。大他者只有在为其质料,为其眼界的质感,为超验世界的出现汲取同一之泉时才能存在。若非如此,大他者就只能是我们无从设想的他者。但大他者不会或者不能(?)解释它和同一的关系,因为它没有实质。

大他者的同一可以得到理解,能够被言说,作为存在和话语的质料,这样才能建构起本体论的肌理。

大他者的同一是质料,变动不居,有罅隙,有空白……可获得的,现成的,但这些都被遗忘了。

同一性是质料和空间,是宇宙和物,是容器和内容物,是内容和封套,是水和苍穹(《创世纪》说,神划开了水,在水与水之间造了天空:有些在天空之下,有些在天空之上)。[31]

---

31 神说:"诸水之间要有空气,将水分为上下。"神称空气为天。见《旧约·创世记》1:6-8。——中译注

这同一造了主体，鲜活的生命，但男人不会一开始就去思考：他的身体。[32]

同一宛若子宫，是母性的，永远无偿奉献，但却是默默无闻的，被遗忘了。

同一不是深渊：既不是吞噬也不是淹没。同一是一种效能，一个人活着是为了有用，为了掌控，为了金钱关系，债务，这都是有用性的假设——预先设定是为了能够被辨识——这引发了焦虑，这都是制定原因结果。

同一是母性-女性的，在感知差异之前就已经被同化了。鲜血，淋巴，为了每个身体、每种话语、任何创造，乃至世界的创造。"尽管被遗忘了两次，她依然是晦暗的背景，在他耸立其自身之外，一种被遗忘的休眠，一种不易觉察的透明性潜入存在。"[33]

正因为同一，大他者才与其相关，是无价的，毫

---

32 关于这点，可参见海德格尔在其关于赫拉克利特的研讨会上所述："Logos (Heraclitus, Fragment B 50)," in *Early Greek Thinking: The Dawn of Western Philosophy*, trans. David F. Krell and Frank A. Capuzzi (New York: Harper and Row, 1975), pp. 59–78。
中译本参见海德格尔：《逻各斯，赫拉克利特，残篇第五十》，出自《演讲与论文集》，孙周兴译，生活·读书·新知三联书店，2005 年，第 219—247 页。——中译注

33 见 Luce Irigaray, *L'Oubli de l'air, chez Martin Heidegger* (Paris: Minuit, 1983)，该书主要谈同一性问题。

无疑问这展露出最大的危险,这是我们今天要面对的。

同一他者之爱

没有什么爱是为了和我相同,而是被放置和保留在和我不同的外部,除非在下列情况下:

——同一之爱得到阐释:与母性-女性保持一致,成为任何可能身份的基质;
——超越一种古老的关系,这个视角才可以出现;
——性差异的视阈。
这三个条件其实是一个。

在男人和男子气之中的同一之爱

在我们文化的黎明时分,对身体的肯定才能接近差异化。古希腊人就认为他自身是从无限自然中剥离出来的身体性存在(bodily being)。体育技能和勇气是荷马英雄的基本品质。通过竞赛中的技能和力量,英雄练习如何持有自身,安置自身。

男人们似乎忘记了这一点。他创造的世界死死地逼近他,以至于去接近其外部的某种东西,对他来说如此困难。他当然不会想到身体槛界这一事实,这建立宇宙或普遍性的入口。他待在怀旧情绪之中,渴望回到元一(ONE WHOLE):那起源之地——子宫。

他不能单独承受这返乡之旅。这不可能,或是一种禁忌,除非他确信原初之地的根基。

肯定身体就是肯定身体之爱,在《荷马史诗》中是这样,在哲学的发端处是这样,后来在形上学的复杂体系中被遗忘了。身体只会出现在技术性领域,相比第一哲学还是从属的:比如,医学。

另外,同一之爱变成了对时-空建造的认可,正如惯性专制话语的建立,朝向上帝的对话-独白。

同一之爱被改造成世界的建筑术,进入象征系统和商品交换之中。它被结构化了,生产工具和产品。为了与自然经济保持一致,男人用工具和产品取代萌芽、出生和成长。收获成了单纯的农业产出,正如产品之于工业。人类培育自然并操持着它的存续,总是以降生和生长为代价。对自然的培育变成了一种剥削,其风险在于破坏了宇宙节律的丰饶及土壤的活力。这危险在于我们遗忘了身体的馈赠,我们亏欠了生命的馈赠与更迭。在每一个细小的瞬间,我们都在忘恩负义。

男人的同一之爱意味着在同一之中爱，没有母性-自然-物质，就无法设置其自身。这爱是同化的产物，也是女人或女人们的中介。通常以此建立起了一种肛门本体论，[34] 或者说是在内脏之中吸收他物进入其自身的胜利，[35] 爱成了产品般的术语，属于某种特殊的工具。

在男人那里，我们看到这产物和排泄对象有关（当身体成为问题的时候），和血缘有着模糊的关系但又想高于血缘，就像污染一样，实际上是在消耗产物和残留物。这是男人们惯常的创造方式。类似于感

---

34 关于这个问题，参见梅洛-庞蒂在《可见的与不可见的》一书末尾处的研究笔记中所述：*The Visible and the Invisible*, trans. Alphonso Lingis (Evanston: Northwestern University Press, 1968), pp. 165–275。梅洛-庞蒂在研究笔记中认为，弗洛伊德的肉身哲学是在为西方本体论做精神分析。相关中译本参见梅洛-庞蒂：《可见的与不可见的》，罗国祥译，商务印书馆，2016 年，第 346—347 页。——中译注

35 参见 G. W. F. Hegel, *The Phenomenology of Mind*, trans. J. B. Baillie (New York: Harper Torchbooks, 1967), pp. 464–482, 以及我的解读，"The Eternal Irony of the Community," in *Speculum of the Other Woman* (Ithaca: Cornell University Press, 1985), pp. 214–226。黑格尔常常用生理意义上的"消化""吸收"来比附他的辩证法环节，"扬弃"的意思是被吸收否决了以另外的形态在合题中存在。"胜利"指"绝对知识"部分那完成了的"自我"。此处涉及的文本内容可参见中译本黑格尔：《精神现象学》，先刚译，人民出版社，2016 年；伊利格瑞：《共同体的永恒反讽》，出自《他者女人的窥镜》，屈雅君等译，河南大学出版社，2017 年。——中译注

受和想象他们自身的方式？事物总是外在于他们而被生产出来，不是在自身中，是被一个安静的血缘劳动力生产出来的？

他们的爱成了目的性的，目标在他们自身之外。朝向外部运动和建构，这外部已经外在于他们了，比如家。自身之外，这张力、这意图、这栖居的目标、这事、这产物，都在为男人服务，作为第三方，作为某项筹码。

女人或女人性的自爱

在女人们之中，在女性性态中，自爱很难建立。就传统而言，自爱保留在母-女关系中，未曾剥离。弗洛伊德告诉我们，这关系必须得放弃，以便女人进入对男人-父亲的欲望[36]。母女关系在言行维度上被否决了，确保家庭和城邦的肌体健康，黑格尔这样写道。[37]

---

36 参见我在以下作品中对此的阐释："The Blind Spot of an Old Dream of Symmetry," in *Speculum of the Other Woman*, pp. 11-129。
相关中译本参见《他者女人的窥镜》上部。——中译注

37 参见 Hegel, "The Ethical World," in *The Phenomenology of Mind*, 以及我对此的解读："The Eternal Irony of the Community," in *Speculum of the Other Woman*。
相关中译本参见黑格尔：《精神现象学》"伦理世界：人的规律和神的规律；男性和女性"，第 273—284 页；伊利格瑞：《共同体的永恒反讽》，出自《他者女人的窥镜》。——中译注

取代母亲的位置，女人对母亲的爱是否只能以这种替代方式实现？被憎恨所浸染？

因为母亲占有一个独特的空间，成为母亲就意味着占有这个空间，在这个空间里，跟母亲没有任何关系。这机制既是女人也是他人，既是她也是我。这是母性功效，一个竞争性的空间（在西方文化中女人的功效才是有价值的），这效用取决于男人和母性的关系，女人自身的认同是匮乏的。如果男人欲求我们、爱我们，我们必须抛弃母亲用男人来取代她们抹除她们，以便和他们一样。母女之爱被摧毁，相爱的两个人成为共谋和竞争者，从而进入男性欲望这个单一的、可能的位置。

这竞争也让女人-姐妹之爱陷入瘫痪状态。因为她们都在努力争取这个纯一欲望的位置：母亲们的母亲。在这竞争中，谁将赢得母性力量的筹码，根据母亲对儿子的吸引力或者儿子对母亲的吸引力，女人才可牢靠地享有这特权。弗洛伊德认为，在女人这里，爱的完善结构有个原型，取自上帝的道成肉身。根本的危险在于乱伦，禁忌法则环绕在周围，这是文化压抑的基础。

有种结构被潜藏、被搁置了：那就是女人之中的爱。构成基质的结构有时是缄默的，有时是文化的干扰力。这充满活力的基质,其纲目和形状还是混杂的、模糊的,充满疑惑。

传统以意义上,女人之中的爱成了竞争质料:

——真正的母亲

——母性的全能原型

——男人的欲望:作为父亲、儿子和兄弟

这涉及爱的量化估算,抹除了爱的吸引和发展。当我们去聆听女人们的交谈,常常会有这些表达:

——和你一样

——我也是

——我更甚(我更少)

这些唠唠叨叨的算计(也许是无意识或前意识的)麻痹了情感的流动性。为了"存在",我们很难在他者的边界上适应我们自身,只能生硬地借用爱。作为爱的工具,这些比较抹除了女性空间的可能性。我们以某种标准称赞彼此,但这些标准都不是我们自己的,和我们不相适宜,这些标准占据了我们自我认同的潜在空间。这些表述仅仅见证了某种孩子气的情感,在自恋的殊死搏斗中无法幸存,而这自恋总是被延迟:无限性或者作为公正的第三方。

你常常会听到这样的评价,一个女人对另一个更安于其女性身份的女人说：像任何其他女人一样。在此我们没有爱的证据，一些评头论足的表达会阻碍女人从笼统的女人群体或原初的共同体中脱颖而出，一些女人偶尔探索无意识的乌托邦或非域之境，防止她们的成员对其身份的肯定。

没有意识到这点，或者不愿意去了解，在大多数情况下，女人们会建立起她们自己最可怕的压迫机制：这会破坏从女人们笼统处境中生发出来的任何事物，并且成为自身毁灭的代理人，化约为不是她们自己的同一性。一种岩浆，"所有黑夜中的牛都是黑的"，[38] 男人或人类从中免费取用他所需的食物、居所和存活。

跟你一样，我也是，多些或少些，跟其他人一样，对于爱的伦理来说，于事无补。这是女人之中争斗（polemos）[39]的症状踪迹。在这机制中没有你。这也许

---

[38] 此话出自黑格尔《精神现象学》序言，同一的知识宣称"绝对者是一个黑夜，在其中……所有母牛都是黑的"。英译将法文版的"牛"（vaches）写作"猫"（cats），可能是为了对应其英语俗语。——中译注

[39] polemos 一般译成"战争"，但伊利格瑞的用意不在其标准意义上，比如英文词"polemic"，对应法文的口头争论。建议读者从上下文去理解伊利格瑞对这个词的使用。——英译注
伊利格瑞在法文原版中使用的"polemos"，是一个希腊词，指战神。在赫拉克利特那里，指对立纷争的逻各斯，海德格尔在赫拉克利特讲座中对此做了发挥，逻各斯也有言说的意思。作为海德格尔的优异读者，并根据上下文，伊利格瑞应该是在这个意义上使用这个希腊词的。——中译注

是种溶解状态,在此之外没有什么出现也不应该出现,为了占据一个空间而盲目竞争,这空间被病态定义,掀起了嫉妒、吸引和激情。这不是说另一个女人被爱,而是她占有了这个空间,这空间是她创造的,但事情往往不是如此,这空间会被夺走而不是被敬重。

这就是女人之间的激情方式。我们须前进,为了崭新的事物,抵抗历史性潮流。这确实发生了。为激情的伦理建立最根本的空间:没有同一之爱就不可能有他者之爱。

同一之爱在女人当中很难建立,也因为她们所提供的并非象征化的制成品,依然像生食那样容易获得,并且又难以想象。至少有点什么残存下来。

如果女人之中的爱能够产生,象征主义就可以在女人之中被创造出来。事实上这样的爱是可能的,只要她们相互交谈。无论是话语还是行为,缺少交换的介入,女人们的激情以某种刻毒的方式,还处在动物和植物的水平上。凭什么这样说,社会和共同体难道不是对维持女人的沉默更感兴趣?为了固守现存社会规范和文化,必须将女人们彼此隔离。

如果能在我们中间建立起爱,或是对女人的爱,女人须双重化，须亲切地去演示我们的双重性。无论是：

——为护生的封套去爱，外在的和内在的，为了皮肤和它的黏膜；

——爱身体：所有我们给予的身体，所有相互给予的身体。

作为母亲，女人们用母爱在爱彼此，作为女儿，女人们以孝敬爱彼此。这些爱，在一个女人那里不会关闭。这爱是建设性的，在一个女人那里不会枯竭，这是无限的记号吗？通过她们彼此的连接，我们就能抵临一条无限通途，这永远开放的道路。

主体的拓扑学已经被精神分析理论和逻辑学家所定义（比如拉康），女人成了象征化的土壤和基质，服从于男性主体。根据莫比乌斯带的图式，主体功效从内到外、从外到内，没有变化的边界，这样爱的环套在女儿和母亲之间，女人之间就锁闭起来了。一个合拢的拓扑学或形态学必须保持开放，主体抑制它，并建构为基质，不再从我们的生成中获得自由和丰富性，那里住满了怪兽，必须锁起来。在许多案例中，母性-女人是恐惧的源泉，主体因憎恶将女人性掩埋在地表深处，使她的运动、她的机制、她的文化、她的爱或爱本身处于麻痹状态。

完全不同于传统的主体性话语（号称中立，实际上是历史性的、男子气的），女人们从宏观挪到微观，能够穿越宇宙的广阔维度，无须固定在脚下的某一点上。从孩童到成人，从最基本的到最富神性的，女人四处逡巡，没有改变质料或宇宙，表明没有任何人，男人或女人，持有一个处所，一个空间。

在这个过程中，女人们静如处子，动如脱兔。这运动在空间中延续。静与动，不是越过第三方来练习力量。这力量没有建造世界的目的论，也没有朝向目的论。女人们是不运动的某种运动。她们没有什么规范性的区分，没有什么对过去和未来的不朽知觉。这谱系的转向和回撤在女人之中无限定地重复着，像一种绵延不息的航行。

困难的是女人得为她们自身提供一种边缘，一种被包裹的尺度，一个世界，一个家。介于这循环覆盖了系统的取舍或取留，但其可以在外围运作或被运作。和这吞噬性的循环系统保持距离？这样能量才能保存，用在自我创生那里，在想象、艺术和文化的层面，去发明一个人自己的视阈。还有一个人自己的神性维度。在许多文化中，神是借助女人创造的，这就是说不单单是生殖性的实践。女人参与了神性的生成,在上帝的"创生"中。但这中介都被遗忘了。女人是神的幻影但自身并不会作为神而显现。作为神的母亲,主人的仆从,是的。和神厮混,道成肉身,决不。

事实上女人没有灵魂。这是因为女人既是内在又是外在的?更多的时候,她们缺乏力量去践行这外在性和内在性,尤其是她们活生生地活成了一个槛界,确保"二"之间的通道。

这槛界(不是他们说的那种奠基)一度曾施惠于女人,她们需要语言,一些语言。男人们操持这语言的家园,以便取代哪怕是栖居在他的身体之中,无论是他自己的身体还是别人的身体,反正将女人用作建构的质料,但这语言与她不相适宜。

语言系统,或语种的系统,将知识型和形式逻辑双重化并与它们相随,这些取自女人又把她们从栖居的言辞槛界上驱逐出去了。言辞往复但拦截女人,在言辞的流动中,本应该允许她们能够在家园内进进出出,从而"远离"她们的身体,给予她们一个疆域,一个环境,并发明别样的可能性或通道。

作为性别化的女人没有自己的语言,她们被用来扩展一种所谓中立化的语言,在那儿,言说实际上被剥夺了。这制造了女人自为(for-itself)的困难,自为和自在(in-itself)之间,这地方的建造也是困难的。黑格尔的辩证法是这样解释的,女人的状况类似于植物,没有机会像动物那样创造自己的领地。在伦理进程中,女性世界注定是麻痹的。女性实现伦理的行为被城邦律法禁止了。[40] 安提戈涅被逐出城邦,被城邦"引渡",城邦拒绝原始的氏族仪规(侍奉死者,诸神,备餐),禁止言说,禁止婚配,禁止生育。她被囚禁在公民世界边境的岩洞里;禁止离开,更不准回家。每个行动都没禁止了。她所能做的就是实施她的行动,而这行动正是国王和国家不敢公开进行但又串通一气,以至于操演埋葬:她能杀死自己。岩洞的缝隙渗进稀薄的空气,令人窒息。是她自己牺牲掉了这细小的植物生命,这一切都离她而去。如果能设法逃离这坟墓,像被埋在石头缝里的植物那样,向着阳光伸展。基于人性的维度,这对安提戈涅来说是不可能的。生理上她是人因而不可逃脱牢狱。即便安提戈涅需要逃脱,她还须撼动律法王国的控制,正如在生机勃勃的

---

40 见黑格尔:"伦理世界",出自《精神现象学》。

家园，在她自身之内，在宇宙之内行动。关键是生命的份额，血脉、空气、水，火焰的份额都是被给予的，她不仅仅代表对逝去世界的尊崇：无论个别性还是律法。安提戈涅的行动无须散播为对父系家庭的尊敬，对祖先神的恐惧，或对城邦秩序的服从，而这秩序要禁止的是她自身的任何伦理行动。

如果安提戈涅的命运不会重演，女性世界就能成功地创造出一种伦理秩序，建立起女性行动的必要条件。女性伦理的世界就会获得水平和垂直的两种维度：

——女儿-朝向-母亲，母亲-朝向-女儿

——在女人之中，或在"姐妹"之中

在成为女人之初，第一个垂直维度就被拿走了。女儿要成为女人，母女纽带必须崩解。为了父子关系，并将父亲和丈夫理想化为父系，女性谱系必须被抑制。如果没有垂直维度（总是被男性的勃起混淆了），一种鲜活的伦理秩序就不可能在女人当中产生。在她们自身之中，或之内，如果要伦理地去行动，女人都需要这些维度，要么达成自在自为，从植物生活走向动物生活，要么把她们的"动物"王国组织成一个"国家"，组织成人民，用她们自己的象征符号，律法和诸神。

因为这样的视阈还有待建造，女人不可能滞留在以男性阳具为根据的视阈中。女人必须建造一个包含所有维度的世界。一个不仅为了他者的宇宙，正如她们过去被要求的那样：以（男性）国家财产、法律、权利和义务的名义，作为孩子和家庭的守护者、母亲。

女人的世界，一种从未存在过的事物，一个已经显现的世界，虽然被压抑、潜伏中且具备潜质。道成肉身与男人世界之间的永恒中介，女人似乎从来没有生产出她们自己身体和世界的独特性。同一性的起源和道成肉身相关。在这之前和之后，（神的）临在进入白日的光芒中。之前和之后的向外运动进入身体之外的明亮之中，进入世界之内的明亮中。同一性脱离万物，可以说来自外部，以某种方式和表象相联系，但这不能等同于男性世界，这是栖居在黏液之中的结果。

事实上黏液体验出自内部。在胎儿期，或者爱意浓郁的夜晚，两性都能体会到。建立起身体感知的亲密度，对女人来说更为重要的，就是对槛界的感知。难道黏液占据了女人的灵魂？但这灵魂是缄默的？不同于任何有关灵魂的言说？因为黏液没有永久性，即使这是有关持续发展的"组织物"。是时间延续的可能性条件？在黏液之外能够挺立自身的效能仅限于男性主体。相信主体建立在实体之上，建立在某种固体之上。这一切是把黏液搅进了效力和效能（一种潜在的自动基座[41]）之中，仅仅作为实质和本质的炮制手段。

当然，如今我们需要思考黏液。一种别样的理由和律令：

——所有针对女性的思考必须经由黏液。

——不思考黏液，就无法思考性差异，这性差异并非传统意义上的等级化。

——延展性，延展的内容，黏液还没有回应海德格尔提出的问题，即我们时代还没思透的问题？[42]

---

41 Hypokeimenon，低于实质，原初质料或基座。——英译注
古希腊形而上学术语，亚里士多德的第二实体概念，包括人、物或实存，区别于自在自为的第一实体，或实质本质；近代哲学将存在论内在化，指一般意识思维，即主体，精神实体，我思故我是（being, ontology）。海德格尔解为这个希腊词原本的意思，即"基座"，那已呈放出来的、已完成的，强调的是进入外观之无蔽状态，在场或显现的事件、动作或外观，并先于本质。根据上下文，伊利格瑞是在哲学史和海德格尔的意义上使用这个词，并引入女性主义批判。——中译注

42 参见 Martin Heidegger, "The Fundamental Question for Metaphysics," in *An Introduction to Metaphysics,* trans. Ralph Manheim (New Haven: Yale University Press, 1959), pp. 1–51。
中译本可参见海德格尔：《形而上学导论》，熊伟、王庆节译，商务印书馆，1996年。——中译注

——另一方面,黏液从数的序列中被取走了,这意味着它的槛界、界限,和神相关的空间还须进行思考。

——一种神性会成为讨论焦点,人们欢迎、庆贺它,尤其因为尼采说"上帝已死"。换言之,黏液有特殊的触感及其特性,也许处在神的超验之路上,与肉身相区别,不同于一个永恒的神,一种稳靠的真理。另一方面,黏液呼唤神的回归,新的道成肉身,新的基督再临。

——因为黏液代表某种完成了的或颠倒的辩证法。概念的透明性将被非透明性反击,黏液的另一种透明性。不再仅仅是效能,仅仅是手和工具创造杰作的物质性准备。它同样是某种不可否决的事物。总有踪迹留在身后:怀旧是为了返回子宫,伤感的寻找,寻找皮肤深处的某个地方,追寻进入或走出自我以及他者的路途,和他者相遇,互不相契又无从期盼的他者。完全的压抑和遗忘是不可能的,无须踪迹,仅在行动中,没有正题,黏液可以感知和爱自身,不用设定自身之外的位置。一种实施行动的效力,一件未完成的作品。但这一切总是半开半掩着。不是单纯的耗散。侍奉爱、呼吸、歌唱,去诞育小孩,其实无须如此把握自身。这表明一个找不到行动节律的人总是贪心的。如临深渊或沟壑般的焦虑,相应地,男人既不欢迎也不去寻找爱的节律。拒绝黏液,就会导致对其丰富性的滥用,对效用、愉悦和肉体的盘剥,或对爱的姿态的迎拒,是破碎的、若即若离的,就无法获得姿态的进展和恒久的铭刻。

他者之爱

如果须感受他者,而不是去谋划或基于自私,我们须持有对无限的直觉:

——既是有关神的直觉,也是为了他者诞生的神性原则,而不是用我们自身的欲望去强迫。

——主体直觉,当下的每一个点,都是未完成的开放式,去成为他者,无关乎积极或消极。

如果不能以这种方式转向他者,厌恶就会成为无限(apeiron),厌恶这未完成的或无限的维度。这维度总在被转化成为概念和某种理论,并非在他者之爱的基础上,这样做是徒劳的。而这恰恰是我们传统之中的规范。

结果是,大他者(Other)立在我们的传统中,产生了对小他者(other)的憎恨。无心去打开阐释。大他者建立起同一之爱，不可能思考自身，由此，超验维度的抬升只不过是为了担保世界的整全性。神作为语言的基石，象征系统的基石，以这样的方式，才能奏效。

上帝在世界的彼岸，但我们假设他确保了此时此地的连贯性。流质，间质液，万物的黏合剂，让我们确信同一之爱已经被克服，事实上，爱成了不可算计的力量，吞噬他者的爱——母性-女人他者——已经被吸收到了同一性之中。被同一性摧毁的是自爱的非主题化，自爱发现其不可表征。

大他者是整个语言秩序的拱顶石，一种语义学的建筑术，几个世纪以来被男人的言辞小心翼翼地维护着，有时候是被神职人员守护着，不可避免地自我循环，用一种套套逻辑：为了护卫那为他们提供保护的（神）。

尼采曾说，我们将继续信仰上帝，正如我们信仰语法。哪怕某个神堕落了，话语依然保卫其不可触摸的地位。说话语是有性别的，尤其在句法之中，这相当于是去质询句法的秩序，相当于在严格的传统规范中拿男人们的神当话题。即使是语言的意义已经被清空——最大限度地清空——技术性的建筑术依然完好无损。话语依然是男人世界的图腾与禁忌,在那儿耸立着。

男人越是去费力地分析世界、宇宙、他们自身,似乎就越是抵制对话语基础的扰乱。他的分析仅在于加固话语的永恒性。从一开始,话语对男人来说就是自然他者、母亲、自然-子宫,他栖居其中,在此存活,经历迷失的风险。话语——这个曾打算用来破土和培育世界的工具——变成了一种无可测度、神圣的视阈。话语是他自己的却又如此陌异?这世界难道不是他在宇宙之中的家吗?男人制造了技术机器的触角,如今机器正威胁着他们,现实世界不仅荒芜,还吸收了他吞噬母亲的幻想和噩梦,男人们紧紧抓住他精通的相似性,在其中他发现了日常的和科学的话语。好像技术体系和语言不是他们发明的,这发明没有保护好他者,也没有保护好他们自己。在他一手制造的东西里,他连自己都认不出来了,他淹没他者,现在反过来淹没他自己。他的灵异恐惧如面对自然的小孩。他害怕去碰机器,以防被激活,因为超验性,对机械论欠奉尊敬。语言因其外形和尺度,对男人来说,是全能和未知母亲的模糊表征,正如超验的上帝,也是这样的。男人在技术性产品的两面性中,无法认识和阐释他的象征性符号。

最明显的象征,最好上手的也最容易被遗忘,这就是性差异,这一活生生的象征语言。但理论仅仅宣称他自身的象征语言。女人就应该仅仅作为某种潜在的象征被男人交换,被人们交换,从未获得象征或者运用象征。[43] 经由性差异建立的象征会无情地一分为二吗? 女人会落入以下范畴:荒地、被制成产品的物质、流通符号、母亲或处女,就是没有作为女人的身份认同。男子气不再进入象征符号的身体或肉体,而是从外部亲手塑造和转换身体。

各部分之间的联系和功效之所以能够暗自达成,这得要感谢女人;男人们确认了符号交换。作为象征系统内部的中介,女人无法分享、交换和铸造符号,尤其是母女关系,母亲和女儿之间的吸引被象征系统遮蔽。女儿们、妻子们、母亲们不可能也不会去有效地标记她们自身的关系,或者说登陆一种现实以便超越她们自身——她们的大他者,她们的神,她们的神

---

[43] 参见拙作 "Women on the Market," in *This Sex Which Is Not One* (Ithaca: Cornell University Press, 1985), pp. 170–191。
中译本参见《女人的市场》,出自《此性非一》,李金梅译,桂冠图书,2005年。——中译注

性存在。没有贯通性的语言帮助她们逃离男人的同一性,逃离这别扭的同一性,她们自己的内在性和外在性的通道是匮乏的。作为介质或中介者,女人只有脱离现存的交换系统,在她们自身之中,在她们之间才是同一的,是大他者。只能求助于飞翔、自爆和崩溃,进入与自然和神的直接关系之中。

女人所操演的文化功效是非社会性的,因而社会也排拒她们。她们被控告为女巫或神婆(mystics),和宇宙以及神的大能保持联系,尽管她们缺乏表达自己的方式,无论是外在还是内在。为了有利于炮制男性世界的大他者,女人也许成了他们自身被禁的大他者。说女人有魔性,事实上是说她们有感知神的能力,以便男人在其藏身的甲壳里保留一个陌异者。因此男人不同于感官超越——和神性维度一样卓绝——不同于荣耀,他们须在信仰世界之外残留点什么,除非被女人所引领。这往往发生在某种传统中。如果我们知道如何去阅读文本:《新约》《雅歌》,神秘主义。一种到手的"传统",事实上是更早的传统的积淀。

女人的同一性,或女人之中的同一性,总是在开放性和延展性中出现。生发、槛界。她们的他者无须大写，这并不是说没有超越大写的现实性。也许超越的景象和话语已经书写过，被神圣化了？宇宙创造力在发酵，永远是自由的。但这并不等于没有迹象，没有节律，没有象征，没有（诸）神。

性差异的伦理学 [44]

来鹿特丹讲哲学是非同寻常的。这场思想的探险,发现与再发现的探险。这个国家曾是好几位哲学家的避风港。这里曾保护过他们,给予他们工作的宽容和勇气。在大多数情况下,让他们最大限度地克服教条主义。

令人惊奇的是,这些哲学家都对激情抱持强烈的兴趣。正是在荷兰这块土地上,激情的主题升腾而起。

我不想辜负这历史。不管是有意还是无意的,历史选择了我,就在今年,让我开口说,在鹿特丹,以

---

[44] 此节内容是伊利格瑞在1982年11月8日的一次公开演讲,和本书卷首内容相关。此节作为概述,照样引经据典,但伊利格瑞没有给出注释。
——英译注

"激情的伦理学"为名的讲座。好像有某种必然性牵引着我来到荷兰,在这里谈论这个话题。

每个时代都有其自己的思维方式。即使这个主题是激情和伦理学,在今天依然得小心翼翼地处理,这牵涉到笛卡尔的惊奇和斯宾诺莎的愉悦,角度完全不同了。发生变化的正是伦理。主体独自在某个固定的位置上重造世界,我们已经不在这样的时代之中了:能够确定的是笛卡尔是个男人。同样地,我们也不处在斯宾诺莎的时代,他曾写道:"如果男人和女人能够一起设立政治权威,和平只能在永不停息的冲突中遭受损害。"[45]

也许我们应该重新审视黑格尔对伦理世界的分析,他借用古希腊悲剧,[46] 将兄妹关系解释成性差异:因中性的血缘情感悬置了肉体行为,这样性差异是和谐的。夫妇因生殖而爱,这会导向真正的死亡。在国家占有支配地位的今天,夫妻伴侣既是家庭也是国家概念化和现实性的实质。

---

45 见斯宾诺莎:《政治论》,出自《斯宾诺莎文集》(第 2 卷),冯炳坤译,商务印书馆,2014 年,第 372 页。——中译注
46 指索福克勒斯的悲剧《安提戈涅》,如下文。——中译注

但在兄妹关系中，姐妹是兄弟照见自己的一面活生生的镜子，反过来姐妹却无法在兄弟那里发现自己，像兄弟那样基于"白日"精神具有"自为"的权利，她不能离开家。她以奇异性（singularity）为代价，通过丈夫和孩子才能接近一般性的原则。她得放弃感觉和欲望的独立性，进入家庭义务这直接的现实性。女人是无所欲求的妻子和母亲。一种纯然的义务将她和她的情态隔断。

义务是所有感觉的抽象物，并抽空了感觉，这被设定为女人身份的根基，姐妹们死去，女人的合唱队被埋葬在城邦之下，政治秩序由此耸立。

伦理律令，这分派给女人的历史性角色，需要在实践和理论中得到修正。这角色还被弗洛伊德解释为生理意义上的命运，我们需要明白这一切是被传统社会文化组织所决定的———一种无可否认的演化进程。

哲学、思想和话语已无法应对"大众化"的运动。在我们的时代，可以把一个人放置在"女人的世界"。在这里，既没有压迫，也没有伦理错误，靠近性差异才是根本的，必须抛弃凶残的等级制和劳动分工，这些妨碍女人完成黑格尔为她们所保留的任务：这任务来自大地的深处，来自天空的高度。换句话说，去相信神性的历程穿透她，她须持有这历程，没有退缩，也没有放弃独特的欲望，没有沦为拜物教的囚徒，没有关于上帝的偶像问题。这神圣化的历程能让女人朝着自由的边界敞开，没有锁闭，没有教条主义？正如在性交换之中，这是一种真正的伦理功绩？

感谢廷贝亨，这位致力于解决第三世界社会经济问题的经济学家，为纪念他开办了这一系列讲座，使得我有机会来质询性差异的伦理状态。我将引入妇女的社会文化地位问题（有时这被称为第四世界），应女人之邀，感谢她们的诚挚召唤，这系列讲座会专注于理论研究和社会实践。

让我们回到安提戈涅这个人物身上，尽管我无法与她产生共鸣。安提戈涅，这反女人（antiwoman），依然是男性写作的文化产物。在黑格尔那里，这个形象代表伦理，这形象必须从黑夜中走出来，走出阴影，走出石窟，走出谴责她也自责的整个社会秩序，走出整体瘫痪的社会秩序。克瑞翁（Creon）禁止掩埋波吕尼克斯（Polynices），他建议安提戈涅别出声，他知道她和诸神的关系，克瑞翁命令安提戈涅靠近岩洞的通风孔，只留点吃的给她，这样他才不会因她的死而产生罪恶感——克瑞翁曾谴责理性秩序的裂隙，留下一个无神的自然，荣耀殆失。除非为国家效力，家庭没有未来，生育没有了乐趣，爱没有了伦理。

克瑞翁，这位国王最后承担了他的残酷命运，像安提戈涅那样。但他将是命运的主人。

安提戈涅在她的行动中是缄默的。她被紧锁-麻痹于城邦的边缘，既非主人也非奴隶，这扰乱了辩证法的顺序。

她不是主人，这一点非常明显。

她不是奴隶，因而一意孤行。也许除了自杀？自杀，是留给她仅有的主动行为。假如社会进入——正如黑格尔所言——暗夜那一边，妇女行动的权利就会成为一个问题。

但究竟谁敢谴责安提戈涅？

不是那些剥夺了她的空气、爱、诸神和食物的人们。

安提戈涅没什么可失去的。她不关心别人的生活。她唤起了克瑞翁的恐惧,把他置于险境。克瑞翁说,我不再是个男人了;如果让她活着,她才是男人。这些话表明他的罪行的性质或本质。一位国王,其唯一价值在于男子气概,威震四方。克瑞翁冒险去伤害一位女人,一位崇敬神的女人,伤害她爱的权利、她的意识、她的言辞。这伤害翻转过来像深渊一样捕获了他,那沟壑,那黑夜,铭刻在辩证法、理性和社会的中心。沟壑与黑夜需要关注,像"骷髅地"和"圣餐杯"一样,黑格尔写道。[47]

当今社会,如果还惧怕某类男人或女人,我们须自问是何种"罪"冒犯了他们,这惧怕变得意味深长。如果让占世界半数的人们噤声,并"囚禁"她们,这显然是不可能的。

当感觉越思辨一切就越真实,话语就进入了一个互动的环套中,或通过自我剥夺而失去了实质,那些曾经喂养他们并使他们焕然一新的事物。男人被迫去做更宽广的研究,在记忆之中,去寻找意义的起

---

47 见中译本《精神现象学》,第 503 页。——中译注

源。但流连过去终将失去未来。话语的纹理非常紧致，它罔顾主体，转而缠绕和囚禁他。就像克吕泰涅斯特拉（Clytemnestra）[48]无须撒网就能捉住阿伽门农（Agamemnon）：话语织网就够用了。

最终，谁制造了战争，战争就会毁掉谁。至少黑格尔是这样认为的？一种意识逻辑？除非还有另一个逻辑？

除非我们自己选取消极的那一面，这是一种选择。这选择相当于承允他/她别样的自由、别样的性别，这意味着我们通过自我给予来承受自我遗失。这是有关时间的决定。我们控制亏欠，展布未来。

我们还有时间来面对着亏欠吗？

伦理层面，我们要给我们自己留点时间。去规划。用点时间去规划，去放弃该死的论战，这样我们才有时间来生活，共同生活。

❦

可以从不同的层面来解决伦理问题，如果给自

---

[48] 古希腊神话中，特洛伊战争英雄阿伽门农的妻子，设计将丈夫谋杀致死，后又被儿子所杀。——中译注

己、给大家点时间来好好思考。

如果科学是最后的图式之一,不是唯一,一般被表述为绝对知识,伦理层面的关键问题在于,我们须请求科学重新思考其所标榜的普遍主体的"中立性",这包括科学理论和科学实践。

事实上,自我宣称的普遍性是男人的惯常用语,男子气的想象,一个性别化的世界。没有什么中立性可言。这只会让一位彻头彻尾的理想主义捍卫者感到意外。总是男人在言说,特别是书写:科学、哲学、政治、宗教。

科学性的直觉很少被提起(除了几位罕见的科学家,尤其是物理学家)。显然直觉是指无中生有,一如权利这一防腐剂。直觉模式和属性大概可分成以下几种:

——在自我面前设定一个世界,然后再建构一个世界。

——规定一个普遍性的形式以便居有这形式,抽象的、不可触摸、不可见的形式,像一罩衫,形式覆盖了宇宙世界。这相当于把一切都包裹进一个人的自身认同,也许是自身的盲目性?

——作为主体,一个人严格意义上对形式是陌异的，等等，这是为了证明形式的纯粹客观性。

——推演的模式"不是感官的"，至少是根据视觉的特权无形中被规定的（通过缺席或者间离，其实主体已经偷偷地存在了）。

——通过装置的中介，脱离感官世界成为可能，技术的介入让主体与其观察对象分离开来。在被观察的世界和观察的主体之间，有移除和授权过程的介入。

——建构一种理性或理想的生产模式，独立于制造者的身体性和精神性构成，以演绎和归纳的游戏，完成某种理念的扩展。

——至少在一定时期之内，形式的普遍性是被证明了的。普遍性有着绝对的威力（独立于其制造者），一个独一无二整全世界的建构。

——经验性的契约支撑起普遍性，但主体必须承认的是，这经验应该是两种（性别身份？），是"二"。

——证明这一发现的有效性、生产性、有益性和开发性（这难道不是精疲力竭的生活之于自然世界的探索），这意味着改变和进步。

这些特征表明了"男人性别想象的同构性"。这得严格保密。科学认知专家声称，"我们的主体性经验或个人意见从来不会去证成任何陈述"。

但显然科学主体并不是中立性的。尤其是在某一时期,某一事物并未被发现,因为研究目标有的设定了,有的未能设定。拒绝尊重科学体系的等级,或多或少都可随机列出:

——物理学研究的是自然,其尺度非常规范、抽象和形式化。其技术建立在一堆非常复杂的公理之上,关注某种物质确实存在,但又是实验主体不能感知到的。在这些科学的大部分领域都是这样的。"自然"作为物理学的筹码,冒着在物理学家手中被剥削、撕扯的风险,甚至他自己都不知情。考虑到牛顿分界线引发的对"宇宙"科学质询,对此感官知觉几乎是无效的,乃至需要精确抹除物理对象中的紧要事物,这包括宇宙物质(无论其是否来自假设)和天体的构成物质。

理论有种深层次的划分:量子理论/场域理论,固体机制/流体力学,事实上对物质的研究从未涉及感觉,而"固体性"具有不可理喻的优先权,关于无限引力场的研究慢慢消停下来,最终放弃了。这是否是表明拒绝采用主体探索其自身的机制?

——在集合论中，数学科学关注一个闭合或开放的空间，即无限大和无限小。他们不关心半开半合问题，流体问题，任何边界性的问题，任何处于中间状态的问题，也不关心从一个阈值到另一个的波动问题（尽管拓扑学涉及这些议题，和摆脱循环论相比，是否对闭合问题的强调还不够？）

——生物学的问题意识一直都很迟缓。比如胎盘的组织结构，内膜的渗透性问题等等。这些难道不是和女人-母亲的性别想象直接相关吗？

——逻辑学更关心二价性，相对于三价或更多价而言。难道是因为后者是边缘性的？会困扰话语机制？

——语言学关心他们自身的表达模式，言说的共时结构，"任何规范的建构性主体都能直观认知"的语言模式。他们不会面对，有时是拒绝面对话语的性别问题。一些词汇品目会添加进基本的词汇表中，会接受一些风格化的表述，但绝不会承认句法和句法的语义结构可能是由性别决定的，并非中立的、普遍、不可更改的。

——经济学，甚至或许社会科学倾向于强调匮乏现象和存活问题，并不在意生命与丰裕。

——精神分析学的力比多模式建立在热力学基础之上,包含两个原则。这两个原则似乎仅与男人同构,而不是女人。预设女人没有张力释放的交替性,没有能量存储,没有守恒状态,没有能量饱和的闭合回路,没有时间的可逆性,等等。

如果科学原则是必须的,那么女人可能更适合于普里戈金(Prigogine)的"耗散(dissipatory)结构",通过外部世界的能量交换运作,能够从一种水平达到另一种水平,不是有组织地守恒,而是冲破阈值,一种超越失序的过程,无排放的熵。

基于此,我们要面对的问题是:要么做科学研究,要么成为"好战分子"。更进一步:继续科学研究,并将自我划分成好多种效能,多重性格,不同的人?难道科学的"真理"和生命的"真理"是剥离的?至少对大多研究者而言是这样的。什么科学或何种生命充满争议?尤其在我们的时代,生命更多的时候被科学和技术所宰制。

科学家们究竟预设和承受了怎样的分裂化的起源?是否有种主体模式还有待分析?一种"主体性"的革命还没有发生?鉴于主体的破损已经被认识论和权力结构程式化了。我们还须假定哥白尼式的革命已经发生过了，认识主体仍未行动起来并超越了这一切？主体话语已经发生了改变，并且发现被这样的革命所搅扰，而非先于世界的语言。设想科学家们力图在世界的面前：命名世界，制定律法和公理。他们操纵自然、开发自然，却忘记自己也处在自然之中。他自己也是血肉之躯，不仅仅要面对自己试图回避的生理现象。根据客观方法推进，避免不稳定、"情绪"、感觉、情感波动，直觉等的影响，因为这一切还没有以科学的名义被程式化，包括其自身的欲望，尤其是性欲望，这一切都超出了他的探索。也许把自己装入一个系统之中，被吸入到已死事物之中？害怕或灭除非均衡的事物，哪怕这些事物对新发现是必要的。

最好的办法是与科学对话，质询科学主体的话语，质询科学发现及其公式与生理及性别的关涉性。

🍎

这些问题需要在科学的外部，在主体从未被言说或勉强开始被言说的地方予以回答，至少被提出来。外在于性差异倾斜之地，倾斜之地被用于社会秩序的再生产，但被社会谴责、囚禁和噤声。在今天，女人能够用她的语言,并通过她的语言提出未曾透露过的丰富性问题。允许她的言说,去倾听她们。

这样一来,就会避免两种伦理性的错误,我再次回到黑格尔:

——让女人听从命运,不能让她们靠近心灵、靠近自我意识和自我。总为她们提供暴力和死亡,这成了她们的一部分。

——让男人趋近自我和自我意识,不给神也不给神的话语留下任何空间,即使在今天基于同样的理性,只探究它自己的意义。

换句话说,性差异分布两端,一边在探究寻找言说的意义,同时另一边在质疑这意义,意义在语言、价值和生命之中是否已经找到了。

我们的时代,一个至关重要的问题还是与不公正相关,一种伦理错误,一种亏欠依然属于"自然法"和神。

对女性的弃置是这一问题的显著体现,却依然在男性那边被提及,男人们依然在叩问意义问题。人性论或人文主义证明他们的伦理观很难运用于宽忍的界限之外。就各种性别而言,这个世界存在差异,并非中性的。

意义在男人这边如同债务契约，正如在语言之中，语言总是在支出，赋予男人的生命。

一般来说，语言喂养了血脉、肉身和物质性元素。那么是谁或是什么在喂养语言，为它提供营养？该如何偿还这笔债？我们须生产出越来越多的规范性机制或技巧，而这些有益于男人，就像母亲给予了他生命，但这产出却被颠倒了？他惧怕他们之间这成正比增长、还未偿还的债务。

记住我们须生活在这个世界并创造世界。只有世界的两半才能成就这一切：男人和女人。

我将以一个例子结束，它们导致了针对母性、自然、基质和生养的债务。

作为鲜活生命，当我们远离处境，最不可或缺的生命元素恰恰是容易被遗忘的：空气。我们在其中言说、呼吸、存活和显现的空气；万物都在空气中，"方可在场"，进入存在。

遗忘存在就是遗忘空气，母亲的血液给予我们第一股气息，并且是免费的，在我们出生之时也是这样，自然的馈赠，如我们疼痛的初啼之声：携带着存在之痛进入这个世界，随后就被遗弃了，被迫往前，活着,失去了另一个身体的直接帮助。乡愁从根本上来说,是对子宫温床的哀悼,作为世界的建造者,男人试图通过工作来缓解这乡愁,沉溺于男性本质的形成:语言。

在全部的创造和作品之中,男人似乎都在回避他自己的肉身,这最初的家园[海德格尔会说座架(Gestell)在"逻各斯"之中,在有关赫拉克利特的讲座中,他意识到这形上学并没有传递出身体议题]决定了他进入世界的可能性,同时也是思想境界潜在的敞开性,诗性的,祝祷的,也包括上帝和诸神。

这根本性的弃置表明:在所有的表现形式中,我们的时代遗忘了这值得珍惜、不可或缺的生命元素——从低级的植物到动物,再到高级的生命。科学和技术通过最恐怖的事情,警示人的粗疏:原子弹足以摧毁宇宙和人类,其威力远远超出了终有一死之人。

海德格尔说,"只有一个神能救渡我们",他记住了荷尔德林的话,[49] 他的思想和这位诗人紧密相关。

---

49 荷尔德林(Hölderlin,1770—1843),德国浪漫派诗人,将古希腊诗文移植到德语中,他与谢林、黑格尔三人是图宾根神学院的同窗好友。——中译注

荷尔德林说，上帝来到我们中间，从北方冰原吹起的微风，再到太阳升起的地方：东边。上帝乘着微风的翅膀，唤醒万物，驱散黑暗，驱散那些不易觉察的冰冷和阴霾，火与气不再分离。上帝回顾时-空形成之前，进入自然机制的封闭世界，在人的情感和意志面前俯下身来。恩培多克勒[50]认为，造物主可以关闭宇宙，进入循环和球体之中。

今天，人类高超的技术足以毁掉世界，这世界是在文化的黎明时分已经建造起来的有限疆域。

我们所需要的是神吗？一个困扰着可能性的神，融化了古老的冰川，一个建造未来的神。承载宇宙呼吸的神，诗人们的吟唱，爱人们的气息。

我们依然在等待神，依然期备和开启神的来路。我们自身得有所准备，不是决绝地沉沦，而是迎向新生，迎向新的时代。

超越话语、虚无和存在的循环。系词不再是遮蔽埋葬他者的深渊，语言作为馈赠，其中立性来自差异的力量和能量，但差异却被遗忘了。应该有种中立或

---

[50] 恩培多克勒（Empedocles，约公元前 495—前 435 年），古希腊哲学家。——中译注

抽象办法去为"我们是"或"我们成为"创造空间,为"我们一起生活在这里"找到办法。

创造应该成为我们的机遇,从日常生活最细微处到最宏大的高屋建瓴,让感官超越的开放性经由我们而存在,这样我们就能成为桥梁和中介。不是像尼采那样哀悼上帝之死,不是消极地等待神的到来,而是要经由我们的语言和伦理,在我们之中把神变出来,正如血气和肉身的复活、变形记。

IV

他者之爱

语言之中，性差异的症状和踪迹

在我们的时代，大多数情况下学者们都宣称话语和真理是中性的，那些试图表明它们是有性别的或有性别标记的，都带有"诗意"般的"蛊惑性"，是"乌托邦"，是"疯狂"和"愚蠢"的。真理和科学法则是中立的、普遍的。而阐明法则的主体是无关紧要的、非身体性的，一种形态上的非确定性。那么主体阐释的来源是什么，这一认识论的问题被淡化，也无从回答。在主体没有意识到的安全网中去追踪主体，问题就很难形成：他信赖的、他控制着的语言之网同时也控制着他，他被囚禁在非身体性的身体之中，没有血肉的他者之中,法则就是他的根据、来源和自然规律,从而丢掉了鲜活的理性。各种形式决定了主体,活的和死的,新鲜的和呆板的,统统忽略了再生性问题。对于创造和创生象征符号的能力,主体对此难以理解或一无所知。

去证明话语是有性别的,这相当于宣示一种强力,其结果依然受到挑战,即使这证明是以最严格的科学标准做出的。即使最传统的做法,最受尊敬的数据性调查也存在囫囵接受的风险。高危风险在于万事都倾向于否定、不求甚解、盲目和排拒。

因此,好奇心,这类研究所引起的激情,但一系列的疑问在针对语言的性别化,并被报之以模糊的怀疑态度。这是一种倒转吗?"压抑的回撤",由一种性别来操控语言?

但无论如何,大量的研究在今天已经开始了。

我的工作主要关注精神错乱(dementia)和精神分裂(schizophrenia)的语言,并从性差异的角度向神经症小组提问(难道我们不是神经症?),这与我原来对错乱症和分裂症病人的语言分析结果出现了差异——尽管这些差异并不是我设定的研究目标。[51]

---

51 见 Luce Irigaray, *Le langage des déments* (The Hague: Mouton, 1973) and *Parler n'est jamais neutre* (Paris: Minuit, 1985)。

在研究的第二个阶段，我展开一种言说话语的分析，一组是男性，另一组是女性。结果表明，既有司空见惯的，也有惊喜和出乎项目所意料的。

男性的典型句式是，当然也有其他可替换的：

我不确定我是否被爱，或者告诉我自己我也许被爱了。

女性的典型句式是：

你爱我吗？

在第一个例子中，言说总是转回言说者，保持了一种审慎的疑虑。主体只对自己说话。疑虑是其仅有的软弱，他处在和封闭在泡泡里，没有他者言说的容身之地。信息反射回制造者，往复生产。言说者过度卷入信息的想象界，这中介，应该是另外一个人，男人和女人，希望并试着来倾听，即使没有被邀请，他或她都很难理解这说出的话。

从交流中排除他者有两种方式：说的人，听的人；他者只能喊叫和请求：你爱我吗？（与"我是谁？"相关）。询问者表达的信息是模糊的，不完整的。遵从言说意义的基础你答"是"或"否"，这里仅有的言说主体是被问到的人。显然只有作为信息接收者的可能对象时，言说主体才出现。对象不再是言说主角的交汇点，不是交换性的，因为唯一主体正是（你）。

从传送者和接收者角度来说，这两种言说方式都是不完整的，并引发了言说的两极分化。"我"和"你"相互区分，独自地和世界相关，并把这个世界"划分"开来，妨碍了交流。他们代表了世界之中失衡的两个部分，他们既不进行交换，也不联合。由于糟糕经营着的分裂和裂变，有种原初的象征符号被破坏了，恶化成各种病理状态。

两性都被格式化了，这引发了社会危机、个体疾病、简化且僵化的两性认同、硬邦邦的话语，以及语言的生硬和重复，使得现存价值一无是处。拒绝质疑，导致语义系统通胀贬值。

谁要否认话语的性别，建议他进行统计调查，去分析这些录音材料。如果他还否认差异，那么其自身的表达就需要分析，去观察这样的表达，如何复制了录音材料中的模式，尤其是他的否决模式。[52]

不同于病理性的话语（这就是假设有正常的话

---

[52] 这份冗长的分析报告标题是《歇斯底里症和强迫症病人的口语语法》，收入伊利格瑞著：《从未中立的言说》，第55—68页，这篇论文最早刊登在《语言》杂志（1967年3月）。

语），我分析了一些句子，这些句子来自里昂大学心理系的学生们。首先给出一个触发词，分别出示给男生组和女生组。两组的差异不仅在于言说的意义，还包括结构上的差异。句法、转换和形式都不同。男生组多是消极表达，女生则倾向于疑问式的。这样的例子还很多。这阶段的研究几乎可以弄出一个长长的报告。我仅仅想指出这些基本的信息，而不是去探究语言病理问题。

日常生活中，我们听到的词总是经过修饰的，戏剧性的场景总是发生在"我"和"你"之间。事实上，男性言说一般的会转化成第三者。通过这种方式，主体掩饰在世界之中。但这普遍性正是主体建构。他是一个转换者，把我进行转换。运用语言的复杂体系混淆阐明。并否决这样的提问：是谁创造了语法、意义和操控他们的规则？

他还会转到有（there is），这比我更具掩饰性。把世界的能量，或一个多多少少独立于主体的你的能量进行转译。表面上没有人对这种话语负责。真理是纯净的、中性的、普遍的。其翅膀下有个导演，或许处在上帝的位置？或者相隔久远，我们已经无从知晓他档案的秘密。语言成了男人的第二自然，自主的天性，正如语言被说出、被建构，被谈论都与主体无关。好像是从天上掉下来的，在土里生长？在这里有个假设：语言——碰巧具有了可能性——在模拟宏观宇宙。却遗忘了某些元素？遗忘某种性别，宏观和微观之间的关系？语言结构丢掉了它的特性，这些特性在主体那里，一度具有轻微的病理性。后来在语言基础中重现，在言说的戏剧化中，但是都被习惯性地抹除了。在"男子气"的我的冗余这边，在言说过程的循环性之中，建立起了世界的套套逻辑（tautological circle）。

社会危机能够揭示这一切。妇女运动就表明着这一切。运用一种姿态、一种口号，哭泣、喊叫和吁求，女人们想要完全地进入话语。成为产生真理的"我"：文化、政治、宗教真理。她们将欲望转化成天真的经验性形式，由于缺乏一种关于世界和他者的长期的话语实践，这形式也许能够保护她们自己，不受他-她的干扰，或许能够促使她们创造出某种有。女人依然处在言说的槛界处，这言说缺乏意义：她们交谈、叽叽喳喳、咯咯笑、吵闹……女人难道不是语言发声学的守护者吗？在噪音和歌唱之间。当她们独处或聚集的时候。无论这发音实践有什么深刻的意义，她就是想进行这意义的练习。当她们接管言辞，就暴露了"男性"话语的循环性，撕掉了仪式和错误的面具。但妇女运动依然会遭遇相当大的阻挠，目前还处在萌芽阶段。女人发现自己面临选择：要么你是女人，要么你言说-思考。

符号的机制

男人们用他自己的语调采集、描述、证明、表达和组织。他叠置或创造世界。即使碰巧上演对话。他依然是宇宙和话语的创造者，哪怕在重复和模拟他自己也不接受的真理。

女人这边，是闲聊、交谈、八卦，编织故事、寓言和神话。她交换着交换的手法，无须任何对象。在她的陈述里，没有什么固定筹码？只是在不停地说？有些东西在没有"对象"的"主体"之间，超出了语言自身。只是分享着或交流着某些词汇，并不依赖交流的信息？交流本身就是信息。在交流之中，好像深度就形成了，这深度是晦涩的，没有明确的意义。她说呀说。说什么？说本身？当她被迫要显得"清晰"的时候，即一种传统的澄清真理的模式，她做起来也只是大概像这个样子。她重复着他者的重复？她并没有创造她的世界？她的真理？她总是被质疑？这个问题怎么来的，怎么发生的，当他者锁闭，自我循环，盘踞在真理周围，世界的周围，一切的周围？

难道男性话语没有向着他的上帝敞开吗？言说或句子的模式摆明了是一种"对话"——他们不和上帝对话吗？要求、祈祷、恳请、哭泣、挽歌、赞美诗、愤怒、发问？述行句式，意味着接近他者，通过语言建立与他者的关系，超越时间，和他的上帝保持关系，而不是为了男人和女人之间的交换。

不同于上帝，不管男人还是女人，都很少去问"你是谁？"这问题从未得到澄清，只能这样，无须回应（"我是那个谁"或"那什么"，但问题并没有得到回答；这样一来，就超越或者陷入了一种对话的缺失。）这问题就这样潜入世界。如果女人试图答复"她是什么"这样的质询，就会搅扰话语秩序。在男人的话语语境或人性语境之中，她无法从内在性答复这个问题。她的答复在别的什么地方。在另外的语言之上，另外的世界，另外的存在关系。更多的时候和深渊相契，上帝超验性的倾斜？女人的存在是将要去成为，这不可测度的生长。如果不对自身充满信心，女人就没有狂喜，没有站在自身之外。更进一步，站在感官世界之中，在那里自行生发和重新扎根，存续着。面对植物的繁茂，语言总是关闭着的。设计和塑形是为了保持与自然节律及构造的联系？一种反射，是否对称，先于强行植入的主体镜像，铭刻在植物之中。

言说的力量在于：

——护养世界（一种替代性的主体：言辞、作为语言的世界，成为家园-主体）；

——用各种方式向上帝传递这改变；

——耗散、吸收，在存留的基底上，"我"可以草描，回声响彻，从低处或高处存留，在那里他试图代谢-节省裂隙。

和上帝之死相应的就是文化终结。哪个上帝？他铸造了超验的话语基石，被单一的性别、单性的真理所运用。神性回归，神所宣讲的不是真理也不是品行，神的宣讲是为了寻求和我们共同生活，应许我们生活于"此"。哲学家的哀恸和言辞，从尼采到海德格尔，"上帝之死"是召唤，召唤节庆、荣耀、爱和思想的神性回归。不同于一般的俗见，哲学家不是在谈论神的消失，而是在抵临和宣称另外的神性复活。这一切关涉到对世界和话语的重新改造：另一个早晨，历史的新时代，就在宇宙之中。时代终结，跨入另一个，另一个时空，焕然一新。

这样的时代，性别的相遇会有可能吗？男人和女人从未相互交谈——自从伊甸园以来？——话语的声音绝迹了，在语言之中遗忘了声音。真理的语调总是不稳定的，并标记了言说性别化的索引。如果没有声音，真理就无处安放，也无从坚持。在我们的文化中，这声音被丢弃在歌曲中，仿佛言说没有嗓音也能保存。从耶和华（Yahweh）的嗓音到安提戈涅的嗓音、珀耳塞福涅（Persephone）的嗓音、[53] 厄里倪厄斯（Erinyes）的嗓音，[54] 这些都被消音了。律法在这些静默的嗓音中摇晃。没有肉身铭刻的踪迹。在即刻的对话之外。律法仅仅是道路的记忆？等待道成肉身？或再次道成肉身？

---

53 希腊神话中的植物女神，掌管农作物，还是冥神哈德斯的妻子，二人一起统领幽灵世界。——中译注
54 希腊神话中的三位复仇女神。——中译注

和世界相关、和它的时空相关

栖居是人类存在的基本属性。哪怕这属性是无意识的，不完满的，尤其在伦理维度上，男人总是到处搜寻、建造、营造他自己的家：岩洞、棚屋、女人、城市、语言、观念、理论等等。

感知——这是女人的一般维度吗？女人好像还停留在知觉之中，没有命名或者概念的需求，没有封闭自己。停留在知觉之中，意味着总在开放性之中游荡，与外面，与世界相适应。感官警觉，女人有时会忠于世界吗？没有必要分享，在两种光亮、两种黑夜之间。去感受，停靠在感觉的世界而不是去关闭它，关闭自身，在世界的边缘去构造、去观察。用改变去回应时代、回应时间、回应空间。最困难的就是在空间之中建造记忆，在那里，男人有时会在悲痛记忆中关闭自己，沉溺于怀旧，遗忘槛界，遗忘肉身。

那些记住的和遗忘的悲痛。寻找那些被抹除的，或那些无法抹除已经被铭刻的。忧惧重复、再生产，忧惧那些被抹除的会再来。通过语言，一种双重的天性或反抗的天性正在发生。

重复也许能够峰回路转，接续，（通向）更好的道路。这也许是可悲的，紧急的，唤起一些事物，那些失去根基、正在死去的事物回来了，没完没了，因为缺乏生长的元气。

记忆病理学也是历史病理学。精神分析告诉我们，压抑"那些地底下的诸神"是不可能的，除了死亡和回归，我们不能够抹除生命的根基。

哪怕作为男人，有意无意地为了活、生存，为了栖居和工作，供养和盘剥母性-女人，他遗忘他者，遗忘了自己的生成性。他阻止生长和重复，无休止地寻找记忆和遗忘割裂的时刻，这是他失落的时刻。但是，越是重复，越是把自己裹在封套里，裹在容器里，裹在"房子里"，这些事物统统都在妨碍他发现他者，发现自己。总是感怀那最初的和最后的逗留，因而阻止他去和他者相遇，和他者共同生活在一起。怀旧锁住了伦理世界的槛界。为了栖居，为了收容他者，摆弄起顺手的金钱工具。但金钱不能支撑起生活。相应地，金钱无法取代生活。金钱无法购买处女地，一种别样的创造力，为创造所提供的支撑、滋养、空间和材料，这别样的创造——男人或女人——报之以需要和欲求：建造一种身份，一种语言，一种劳作。

性态和技术

性倒错往往被奉为摆脱压迫性道德的手段,但依然臣服于性差异的道德,这一传统运作的等级制,经由技术世界,会运行得更好或更糟。如今,撕裂的身体如同机械身体一般。能量等同于工作能量。这些成了我们时代无所疑虑的部分并达成了共谋,进步虽然是明显的,但这完全遗忘和回避了肉身。

工作竞争和性活动的竞争是共犯,殚精竭虑的工作和性高潮的放松是共谋。同一个身体卷入其中,和符号保持同样的关系,肉身在此无关紧要。"世界"操控着经济游戏,却并未掌控主体意图及其与他者的相遇。世界操控一切。创造者对他所创造的唯命是从……不再具有意志和意愿。男人创造的世界已经不宜居住了。一个想象中的世界?一个不宜栖居的功能性身体?正如技术和科学。或科学的和技术的世界。

这样一来,生殖的性态被某些男人或女人所轻视或吹毛求疵也就不足为怪了。"部分"的性态依然臣服于技术。不管是善意的还是病态的。

部分的性态在"技术"地触摸、呼吸、聆听、观看和品味,这些预先制造的东西,最大限度地热衷于技术手段。为了适应这些，身体被不同的感知速度撕扯。身体总是功能化的，根据这不同的感知度。但前提是大地的或元素性的东西总会把它聚拢。

如今，人和机器差不多了，他有意无意地把自己设想成机器：性的驱力，被收缩和释放所控制，或好或坏的运作秩序，等等。一种能够统一不同驱力的事物被遗忘了，它和爱相关吗？爱的思想？爱赋予一种有机的节律，爱能获取和赠予时间。朝向生产性，竞赛才能获得平静和喘息之地，性行为也是这样的。那些抵制肉身离散、流离和炸裂的事物，那些抵制道成肉身的事物。尼采认为主体是一颗原子。如果没有找到生命提升的节律，这原子就会破裂。犹如植物的生长机制，但又和植物生存截然相反。如果在科学和技术论时代，男人把自己设想成一台机器或一台原子机器——在生物学、医药学、心理学、语言理论这些话语中就能看到——那他就应该扪心自问至少两三个问题，关于存活、关于存活的普遍性。

存活？

一个我们常常能听到的词汇，是我们这代人的通关词，无力思考、无力创造、无力自为地去活，统统称之为存活。

存活还有意义吗？我们给出的意义完全是反尼采主义的，然而这词的用法来自尼采和他的"信徒"。在尼采那里，存活是指活出更多，而不是赖活着。存活是指把握生活的风格，这样一个人就能去发现和创造新的价值。活着是桥，抵临超人，在人之外开发人。

活着，在很多地方、很多对话中意味着休眠。等待，等待什么？这种存活、这种对活着的解释，或多或少耗尽了那些力图去生活的事物和存在，难道不是这样的吗？存活变成了小布尔乔亚营生了吗？在西方，这些似乎都是常规问题的缺失：关于超验，关于上帝，关于无限性所带来的经验悖论。

为了"自愿地"舒展，除非回到身体-肉身价值（这价值还未绽放），还有谁或什么能够将我们带出仅仅为了活着而活着的状态？因为男人从来无法承担道成肉身的伟大节律，呼吸，血的循环这类事情。他拒绝生长，为了成熟退回孩提时代。他斩断与女人-母亲的脐带，母性依然在为他呼吸、喂养他、温暖他，给他一个家、一个巢。生命在子宫中延续，正如高科技世界的对位法，在这里男人依然像个婴儿，失语，正如他和母亲相关？

如果想要永久独立和自由地掌控生活，男人就应该建立起一个空间，一个性差异的时-空。他不再包裹自己，不再被母性所看护，一方面，他不再将女性当作玩具和机器人，另一方面，无论怎样肉体都应该在场？如果有肉身，自主的呼吸就会充盈身体。贯通爱与生命的自主形式。存活轭住世界的终结、男人的旧时代，怀抱中的婴儿心态，无法满足他自己婴儿般的需求和欲求。是一种在母亲看照下的寄生虫，但无论如何，是寄生虫在统领这世界？

如果男人——他们宣称的是人性——要摆脱存活，他须摆脱婴儿和旧式男人的混合体，这依然如故的处境。我一直认为，医疗保健效用的提高仅仅缓解了这样的心态。鉴于类似的或互补性风险，还有战争的胁迫。成年人的恐怖游戏和孩子们的游戏没有区别（孩子们玩枪弄棒，像成年人那样扮演战士，是否可以这样说，成年人不也正像个孩子吗？）

若想从母性支撑状态，从全能大他者——可推断为上帝——达到成熟，他将会发现有些东西为女人所固有，当然不是指母性？另一个身体？另一种机器？（在最坏的程度上？）具有完全不同能量？这会让男人——人类——瞥上一眼的某种东西。不是他的世界,也不是遵从他的说明书建造的。

这需要男人先停止对女人的设定:

——再生产,作为生育机器,居家的,还要打扫庭除,提供食物,等等。

——死亡监护,炉边保育员,欲望的童贞女,如某种符号-身体的无言子宫,男人的心灵(尤其是物恋?)

——做爱用的机器玩偶,仅存诱惑、死气沉沉。这情感不是"她自己的",而是为了他人,也为自身驱逐她。女人的诱惑被人们滥用了,诱惑并非为了她或她们自己。这诱惑让女人从自在之中连根拔起——正如黑格尔所说——转入为他状态,将她带离生机勃勃的生命,这并非一无是处,这样一来,她就被分派到一种公共效能(尽管这是一种私人性的操演),仅仅是为了维持公共机器的运转。

——成为男人或人类的道成肉身,幻想的道成肉身;她是铭刻的基地,多多少少像尊活雕塑,阴森森地围绕在乡村、女神或垃圾堆的周围。

也许男人会发现在女人那里存在另外一个世界。

有些东西存活着。既不是动物,也不是植物。[55] 既不是母亲,也不是孩子,没这么简单的。一些别的事别的人。面对这不同,他一无所知? 或者,让那些事物屈从于他的理念,这样一来他失去了他的权力吗? 这想法太过不同,他甚至对此从来没有认知? 哪怕在性活动中? 他依然采用这样的术语:[56]

——勃起;

——狂喜,在自身之外(在大他者之中?);

——射精,在自身之外进入他者。

男人或人类如果想开创某些富有生机的事物,他就应该采纳新的生命契约,既不是这个也不是那个。不是男人曾设想过的那些:自在、自为、为他。而是在女人那里某种固有的居间位置?

基督再临(帕路西亚)[57]

帕路西亚(parousia)关乎对未来的展望,这不仅

---

55 见 G. W. F. Hegel, *The Phenomenology of Mind*, trans. J. B. Baillie (New York: Harper Torchbooks, 1967), and Emmanuel Levinas, "Phenomenology of Eros," in *Totality and Infinity: An Essay on Exteriority*, trans. Alphonso Lingis (Pittsburgh: Duquesne University Press, 1969)。
56 此处,伊利格瑞以性行为中的男性生理现象比附黑格尔的辩证法:意识-自我意识-精神。——中译注
57 此节内容涉及《新约·启示录》。——中译注

仅是乌托邦或命定之事，还是此时此地，在当下建立起一座贯通过去和未来的桥梁？

神学，实际上是本体论，确信建立起了上帝或他者的回归再现——完全不同于否定性的运作，暗示上帝或他者的来临？这两种再临实际上是可分的？会跨越豁免争斗的中立时空吗？会建造起神或他者的回归重现吗？

"我将在时间终结处再来"，基督说，一个纪元，圣灵遇见新妇，注定了天空与大地的联盟。圣灵降临，风火交加？将一个有待成全的世界交还到女人手中。

为何这希望的神学还依然是乌托邦？没有肉身的铭刻。一个非域之境。为什么我们对文本上说的上帝及他者的回归或来临掉以轻心，对于道成肉身的现象，我们还知之甚少？为什么总以为这些文本不可靠，不纯粹？为何我们总是假设上帝那不可接近的超验性，而不是通过身体并在身体之中——此时此地——的实现？如变形不可缩减为瞬间，如基督复活不可能总是涉及世界的消失。在最后的联合中，并通过联合，圣灵充盈身体。圣父-圣子-圣灵是同一"位格"？三个世代是一体的？在火的调停下向新妇屈服，火自己能够变化吗？新天新地，不是偶像、图像、拜物教，那些再现都可以从身体推断。带着记忆和期盼，总是在阻碍潜在的道成肉身。

等待帕路西亚，希求保有感官的警觉。不是去破坏感官、去遮蔽它、去"厌弃"它，而是去打开它。如果上帝和他者能够被揭示，那么我须揭示我自身（我不期盼上帝来为我做这一切。不是这次。即使我这样做的时候，幸亏有他，感激他）。为所未为，乐见其成。

保持感官的警觉意味着在灵与肉中的专注。

西方的第三个纪元应该是爱侣的纪元：圣灵和新妇？《旧约》中圣父临在，《新约》中圣子临在，我们将看到圣灵和新妇纪元的开端。在帕路西亚中，圣父和圣子召唤第三阶段的来临。圣父来了又消失；圣子来了又消失；圣灵的道成肉身从未发生，除非在圣灵降临节（Pentecost）的预言中。圣灵显现为第三术语。联合的术语、调停的术语，经由火？

——圣父，独自，邀约，随着摩西和律法消失。

——圣子（和圣母）邀约；但圣子保持着与圣父的联系，他升天，"回到"圣父的怀抱。

——超越谱系的命定，圣灵和新妇邀约婚恋和世界的庆典。水平地和垂直地去生成，在神学时间中呼吸,没有谋杀。

只要圣子不再哀悼圣父,在爱侣那里,既没有实体也没有肉身可变形;女儿们哀悼圣灵,那么在爱侣那里,既没有实体也没有肉身可超越。

圣灵不再囚禁在父-子的二元性之中。圣灵避开了这个"对子"。在《福音书》中,事件宣告自身:最后的晚餐没有女人参与,但圣灵降临节有女人参与,正是她们发现和宣告了复活。这似乎表明当女人不再遗忘她对圣灵的享有,男人的身体才可回到生活之中。这样,女人的变像才可成立。她的荣耀时刻,没有受虐狂,没有施加的创痛。她的身体不再是为了取乐,一而再,再而三地被打开,不是为了极乐,不是为了受孕。实体包裹在她的肉身之中。既是内在也是外在的。

对于受孕而言,摇篮某种意义上已经备好了。如果女人有自己的安乐窝,那么孩子才会有安乐窝。如果女人有自己的领地:她的降生、她的起源、她的成长。那么正如黑格尔所言,女人才是自在自为的。自在自为不是锁闭在意识和心灵的自足之中,而是为他者保留的,这样世界和宇宙在某种程度上才可敞开。

对女人来说,去认定欲望的好,如此这般地去意愿，女人须在欲望中降生。她必须被渴望、被爱，作为女儿受到重视。另一个清晨，新的帕路西亚伴随着伦理之神来临。

他尊重他和她的差异，在宇宙中、在审美之中去创生和发明。分享天空和大地所有的元素、潜能和行动。

不可见的肉身：
读梅洛-庞蒂《可见的与不可见的》，
"这交错—这交织"

> 如果哲学自称为反思和重合之时预先断定了它将发现的东西这一点是真的，那么它还需要从头开始，抛弃反思和直觉给予它们自己的工具，把自己置于反思和直觉尚未区分之处，置于尚未"加工"过的经验之中，这些经验即刻、杂乱地提供给我们的都是"主体"和"客体"，都是存在和本质，然后赋予哲学重新定义它们的资源。(Maurice Merleau-Ponty, *The Visible and the Invisible*, p. 130)[58]

---

[58] 参见 Maurice Merleau-Ponty, *The Visible and the Invisible*, trans. Alphonso Lingis (Evanston: Northwestern University Press, 1968)。
中译参见梅洛-庞蒂：《交错与交织》，出自《可见的与不可见的》，罗国祥译，商务印书馆，2016年，第161页。本译文同时参照英译本有所改动。以下引文皆同。——中译注

如上所述，以我的阅读和对哲学史的理解，我赞同梅洛-庞蒂：我们必须回到前话语（prediscursive）时刻，重启一切，那些被我们所理解的范畴，这涉及主体-客体的划分，重启一切，暂停在"神秘的，那些熟悉的但又无法解释的事物中，如一束光照亮晦暗源头的残存物。"

> 如果我们能在看与说的活动中重新发现那些鲜活的参照，那些在语言中指派他们自身命运的参照，也许我们就知道如何形成新的工具，首要的是去理解我们的探究和质询本身。(p. 130)

必须这样操作才可将母性-女人带入语言之中：这些维度包括主旨、母题、主体、表达、句法等等。穿过黑夜的通道，留下微暗的一束光。

> 环绕在我们周围的可见性还在其自身中休憩，正如我们的视觉是在可见性的中心被塑造的，在我们与可见的之间，存在某种亲密

性,正如大海和海岸那样亲密。(pp. 130-131)

如果是不可见的,便成为一个问题,我宁愿相信梅洛-庞蒂在此暗示的是子宫内的生命。此外他还使用了大海和海岸的"意象"。浸泡和显现?他还提到了观看者(the seer)和可见性消失的危险。这与子宫内巢的现实有双重对应关系:在黑暗之中不可见但依然存留的(正如我们所知道的);但别的观看者看不见他,其他人看不见他,对他人来说他是不可见的,那些人能看见世界就是看不见他。如果万物、总体在他的周围组织起来,其他人也会说,什么也没看见?一个不规则的世界?如果母亲或女人,仅从母性功效的视角看这个世界,她什么也看不见。除非婴儿没有夜间的居所?产前的生命是不可见的。他-他们出生的亲切的秘密和共享的知识(知觉机能)。那些不曾被看见的,不曾以他-他们自己的样子被看见的。而能够看见的一切总是发端于,或其重要性总是在可见领域未曾出现的某些事物。

和怀旧无关,这也许是指男人期望看到她所看不见的?她自己的不可见性?他的回归也许是为了探究她的黑夜。想要征用这两种不可见性,两种位置,一个人与他者的关系，在接触之地，没有相互看见的可能性，没有一个对另一个的发现。在看的不可能的周围，看总是规范的，或者无规范。可见的他者无法逾越，不可缩减为另一边的不可见性。这是另一个世界、另外的风景，一个不可逆转的地形或位置的问题。

通过一种阐释性的姿态，接下来的句子在开放性之中得到理解：如果我们把自身建立在可见性之上，或者更确切地说，在休憩之地，在视觉的心中，如果它来到我们这里，视觉也会在形成那一刻消失，会因为看者或可见性的消失而消失。

这样：不再有观看者，或主体，也不再有世界，或可见性。这个人或其他人处在对立的两极，是敌对的、相反的。尽管他解除了主体和客体，梅洛-庞蒂还是保留了两极性：观看者/可见的，这预设了可见性在其休憩之地依然是不可见的，总得有视觉，给予观看者也可以拿走。最后，他说，观看者和可见性是可逆转的，这样一来他们回到了同一件事情上，但和他当初所说的没有什么关系了：一个人或他者消失的风险。

接下来又回到了看者之看的特权上。在白天与黑夜之间所碰触的视觉。非常近地去看，以至于它无法利用确定的角度、辨别、距离，或者掌控？一种肉身的看，成了针对"事物"的透视法：庇护他们，让他们降生，用视线缠住他们，和他们同在，免得他们赤身裸体，用视觉的接合组织包裹他们，在其中，外在性和内在性都得到显现，不能够去区分他们，隔离他们，撕扯他们。

> 因此，为什么说让事物在其所在，视觉其实是可以做到的？为什么说我们所习得的视觉本来就来自事物，对于事物来说，能够被看见其实是他们显赫存在的降格？（p. 131）

用看包裹事物，观看者让事物降生，也就是说，他自己出生的秘密在于事物自身。现在他们持有这出生前夜的神秘性，在那儿他被触诊却看不见。因主动性的匮乏而变得消极。比采用主动-被动这个对子更加消极。通过雕刻，通过将世界的整体性移入子宫之内，在那儿，被动性试图将自身转为主动性。在这两极之间有个缺口：他者的位置。观看者试图将最主动的和最被动的放还到一起，以此克服在他者之中的不可见性，因而去建构黑夜，看需要还原是为了组织起他的视觉领地。在最主动和最被动之间,他建立起一种连续性,一种持续性。但他不能完成这一切。关键是没有最初事件的记忆,在那儿他被包裹和触摸,经由可触及的不可见性他的眼睛成形了,到他无法看:还不是一个观看者,在此,既非可见性也非视觉。

也许存在一种母性预感?在能够看之前,有种东西让胎儿相信它被看见了?不可见正看着它?如果母亲预感到她的孩子,想象它,她能预感它,在她自身中的这种感受有时会转化成视觉,一种肉身之中的洞察力。他能将这洞察力运用于事物吗?把这一切当成事物去建构,去复制,通过环绕着的看,他包裹事物。

因此,"被看对于事物来说的确是他们显赫存在的降格",有这回事吗?目光还原不可见的事物、不可见的看、视觉组织、正在看的肉身外罩的不可见性,向着寄居在最初的居所怀旧,这是双重的迷失:有待成为看者,更进一步,看生成为视觉;在命名和命名网络中,事物被封起来了,语言,这轴线是他们的灵魂,不可见只不过是掩饰罢了,肉身层次感的引入被低估了,被看扁了?从一个便利的角度让事物显现,这究竟发生了什么?置身于世界之中又从中挣脱出来，一类照片，一种稀薄的姿态，也是视觉的。一度打开了沉思的伸展？

> 什么是颜色的法宝？什么是让视觉之所以成立的独特性，被逼进凝视的终点？无论如何这些都远远不只是视觉的关联物，那强加在我视觉之上的是至高存在的延续。

(p. 131)

在此，颜色显现的法宝，一种"氛围般"的性能，不可化约为看所定义的形式。颜色？这症状，道成肉身的后果，起源处的命运，我们的认同优先于任何外在的可感形式，优先于可见性，无论如何总会显现，无须在其生长之中包裹自身。颜色？此外我（男人和女人）还被颜色冒犯，正如谱系学的等级制我无法改变：我既不能改变眼睛的颜色，也不能改变颜色所带来的事物和氛围的视觉。相应地，颜色从外部向我暗示其持有的至尚性，并越过我的凝视所带来的影响。这能让我看见而非让它符合我的决定？颜色自己倾泻而出，扩展、逃避，将它强加于我，提示我什么是最本源的，这流体。经由流体，我（男人和女人）接受生命,出生之前,在那里逗留,我被流体包围、包裹、滋养,在另一个身体中。感谢它让我看见光,让我出生,让我能看见:空气和光……先于生命,颜色在我之中苏醒,前概念、前客观、前主观、可见性的基础,在那里,看和被看没有区分;在那里,无须在它们之间设定位置,它们相互映照。颜色清洗我的凝视,看着它,或多或少感受它,在可见性之中改变它,但不可抹除它、发明它、服从它的规定。颜色建构起逃离主体领地的条件,但依旧在可见的不可见性中逗留,沉湎于主体,这逗留不可掌控:无论天堂还是地狱,无论先于还是尾随这规定性的道成肉身,都会掉进主-客二元之中。颜色这视觉关联物,不会屈从于我的规定,强迫我去看。

> 我的看包裹了事物,而不是隐藏它们,最终我的看到底是在揭示它们还是在遮蔽它们,这是怎么发生的?(p. 131)

接下来是绕道颜色,他的句子没有过渡到正在谈论的事物的视觉。谈论颜色的段落被放到括号里,本该长篇大论。这结构该如何理解?到底什么和这一页的脚注相关？不仅仅是因为作为问题才在此脚注，但也不是正文，但这一段突然逆转，令人震惊：我的注视，来自可见性，包裹事物不会隐藏它们，揭示它们的时候又在遮蔽它们。我的注视是一种缔连组织，存在于内在性和外在性之间。但是在内部形成的（"观看者渗入可见性之中"），哪怕从外部来看是完好的。注视是在鲜活的肉体组织中形成的。在内部并优先于内在性视阈的建构。观念-结构的内在性和内在性视阈是怎么融合的？二者都脱离了我的身体，都脱离了外部世界，使得另一个可见的也正在看着的肉身成为可能，于是处在了这一个和另一个之间。可见性所表达的精微及其和肉身的关系，无法排除唯我论的特性，即主体和世界接触的特性，可见的接触以及看者作为主体自身。

梅洛-庞蒂的分析带有错综复杂的唯我论特点。没有他者，尤其是性差异的他者，难道不可能找到方法来描述这可见性，如手与手的触感是双重的？除非坚持一种更严格、更丰富的路径，我们就须关注他者的问题，即正在接触和被接触的。他者身体的本体性地位和我们自己的完全不同。

> 我们首先要懂得，我眼前的红色，并非通常所认为的那样，是一种可感物，一种没有厚度的表面性的存在，不管一个人是否接收到，它都是一种明证和难以破译的信息，如果接收到了，一个人就了解其所要了解的，这样一来，其实没什么好说的。这信息要求人的专注，哪怕很简略：即使不清晰，但会浮现出更一般的红色，我的注视被捕获，沉入其中，其实在这之前就被固定了，我们恰好安放了这信息。现在我已经固定了它，我的目光在穿透它，进入它的固定结构，或者目光重新开始在周围转悠，可感物就重启了一种氛围般的存在。它的清晰形式就与某种毛茸茸的，发着金属光的，或多孔的形象或组织相关，那么可感物自身和这种参与进来的事物相比就显得微不足道了。（p. 131）

不同于某类眼镜，颜色从来都不是轻浅、表面化的存在。没有聚焦，颜色就无法破译，无须考量其周围环境，支撑它肌理的就是其所显现的。红之所以是红，与其物质性的根据相关，不能够把它和这个分开来。红色的概念是不可能的。跑题太远没有意义。红色不能从其物质属性中抽离出来,除非和其他颜色相对立,它也不能被看见。当它跟其他颜色相关联的时候,红色仅仅是红色,它决定其他颜色,其他颜色也决定着它;它吸引其他颜色,其他颜色也吸引它;它排斥其他颜色,其他颜色也排斥它。总而言之,它是共时性和连续性波动的节点。"不是原子,可见性是具体的。"没有红色的"瞬间"?无论如何,颜色远非可见物而是瞬息万变。但这短暂性远远超出了可见的肉身,和概念形式的明确性相比,召回颜色是困难。红,任何颜色,与概念的坚固浮现有着更丰富的参与模式。

> 裸呈的颜色,一般地可见的颜色,不是绝对坚硬的不可划分的一大块,所有裸呈给视觉的,都是总体的或无效的,更像是内在视阈和外在视阈之间的海峡,如裂隙敞开着。(p. 132)

所感知到的不一定是这颜色或者这事物,而是事物和颜色之间的差异。感知既不是对象也不是某个瞬间，它只能发生在间隔之间，经由差异保持连续性。一种默默无言的刻度？

费迪南·德·索绪尔（Ferdinand de Saussure）如此描述语言的意义，至少是语言的结构。对于梅洛-庞蒂来说感知已经像语言那样结构化了？我的注视浸泡其中，没有地方来清洗它了，不是碰触永恒的沉思，或参与到了永恒瞬间。肉身注视的可见性依然以造物主所拥有的方式得到调整……价值被颠倒了？感知无疑是我们感受到的最无瑕的瞬间。所有回忆起瞬间的理由，并非是概念显现的简单持存。

> 在被指称的颜色和可见性之间，我们应该寻找新的组织来缔结它们，保存它们，滋养它们，但这组织不是事物，而是事物的一种可能性，潜在性和鲜活的肉身性。(pp. 132–133)

这组织从哪里来？怎么滋养？谁或什么给予它一贯性？我的身体？我的肉身？或一种母性，母性化的肉体，再生产，维持生命的羊水，胎盘组织，在出生之前，包裹主体和事物，温柔的环境，一种悉心看护的氛围，看护婴儿也看护成人。

在此，梅洛-庞蒂让肉身越过事物的领地，去那显现之地，产前的基地，滋养的土壤……他不时地在观看者和可见性，触摸和触感，"主体"和"事物"之间切换，在某种环境中波动和选择，使得从一边到另一"边"的通道成为可能。一种始源的肉身的氛围，这逗留，很难不去和子宫内的状况相比较，和无差别的胎儿共生相比较。从眼睛里来？仅仅是眼睛？在世界之中事物正看着我们。最重要的是，在那儿各种颜色都被注意到，事物唤起所有，它保持了世界的肉身，尤其是可见性的肉身。

梅洛-庞蒂认为，看是触摸的变体。它触诊、包裹、信奉事物。去发现那些已知的事物，"正如看已经了解了它们"。"尽管看在认识它们之前已经有所了解。"但没有人知道是谁在事物和"主体"之间指挥这秘密的共谋，"视觉的先入"。无人知晓，触摸和被触摸的关系，这已经和质询与被质询很接近了，也许这暗示了看与被看之间"令人费解"的联盟。如果我的手能迅捷灵活地感知事物的肌理——比如顺滑和粗硬——这正是触觉世界的亲属功效。

只有当我的手从内部感受，也可以从外

> 部接近的时候,它自身也是可触的,比如另一只手,只有在它所碰触的事物中占有一席之地,某种意义上成了那事物的一部分,最终也朝着这部分可触的存在敞开了。通过触摸和触感之中的交叉,其自身的运动也就融入他们要质询的世界,并获得如手自身的同样的图绘。(p. 133)

只有当我的手从内部感知也可以从外部接近的时候,其自身对另一只手的感触才有可能。如果在其所碰触到事物中占有一席之地,也就朝着部分的可触性敞开了,通过触摸和触感的交叉这才会发生。当然,"其自身的运动也就融入他们要质询的世界,并获得如手自身的同样的图绘;这两个系统相互应和,就像一个橘子的两半"。

我的运动自身融入他们要探询的世界。两种融合,两种反省的交叉。从内到外或从外到内的两种通道,本该获得同样图绘。我的手和它的"另一面",这世界和"另一面"有着同样的视阈,并综合到知识之中,他们在同样的环套和轨道中相互吸收,每一方都把对方置放为之内-之外,之外-之内?这不可能?

我的手或世界不是"手套",也不可能同时被简化成外套。我的手和世界没有可逆性。他们不是纯粹的、实际的现象,单纯的薄膜,即使移情,也是经由他者得到理解。他们有其自身的根基,不可以化约为可见性的瞬间。他们的根基和氛围。然而把一个翻转为另一个,就会破坏他们自身的生命。

我的手从内部感受自身,也从外部被感受。"这两个系统相互应和,就像橘子的两半,在视觉上没有什么区别。"

这橘子的比附很奇怪。如果双手合拢,这依然"有效"吗?这牵涉感受和被感受之间的独特关系。没有客体和主体,没有主动与被动,甚至没有半消极状态。一种第四状态?既不积极也不消极,也不是半推半就,总是比消极更消极,无论如何是积极的。双掌相连,手指展开,建立一种独特的触摸。对女人来说,总要保留一种姿态(至少在西方是这样),这姿态在唤起和加强,双唇的接触无言地相互应和,比双手的接触更加亲密。这是内在性和外在性之间的通道现象。一种内部现象,不会在天光里出现,待在言说的边缘,仅在姿态之中言说自身,聚拢着边缘但又没有封住它们。这姿态为祈祷所保留?代表世界的两半,他们的生成在不同时代彼此相宜,这如同注视:在沉默的视线中目光相遇,一道看见之前与之后的屏幕,留住新的风景、新的光线,一个标点,眼睛在其中重建起他们自身的结构、投射屏和视阈。

> 在可触之中有可见性,反之亦然,它们相互交叉和叠加;两张图绘在一起才是完整的,但不能混淆。这两部分是整体的部分,但不可重叠。(p. 134)

可见和可触当然有关系。这是重叠的加倍重叠和交叉吗?这难以确定。看不能取代触。当然我永远不会在触摸和被触摸之中去看。爱抚的嬉戏看不见自身。在……之间,中间,爱抚的媒介看不见自身。同样也不同,我没有看见那些让我看到的,空气和光线在触摸我,以便我看见了"物"。也许我关心的是梅洛-庞蒂所说的肉身的位置,在那里事物得到澄清?它们在不可见的迷雾和尘埃中显现。在所有感官中最为发达的就是看(?),有可能会干扰手或触觉的理解力。看筑起屏障,冻住触觉的姻缘,麻痹感觉之流,结冰,让触觉沉淀下来,取消它的节律。看与触没有遵从同样的肉身法则和节律,如果我能不假思索地把它们统一起来,我就不能将一方化约为另一方。我不能将看与触置于交错法之中。也许可见性需要可触性,但它们没有互惠性?

另外,梅洛-庞蒂所说的这种重叠和交错忽略了感官的介质,忽略肉身的黏汁。我们可以赞同可触之中有可见,可见之中有可触。但这两张图绘并不完整,也不可能重合:触觉更多地保留在开放性之中,它依赖他者去碰触。最初的碰触,那曾经的碰触被丢弃了,这也适用于可见性。它朝向"上帝"的问题敞开,但遗忘了原初母性-女性。这导致了看总是被托付给上帝,对触觉狂喜的想象有所欠缺。谁能想象超验,作为无限的狂喜的触摸?比如被神触摸。神的平衡力在于沉入子宫内的触摸,这是不可想象的?

这狂喜被剥夺,上帝被当成是这样的神,因痛苦而触摸,而不是因欢喜和极乐。受伤的神是为了重启原初的怀旧?没有一个上帝来包裹我、环绕我、照料我……以肉身、以情欲来爱我?为什么不可以?什么样的神会这样?回应超验的是形而上而不是身体性的(除非先于原罪?)。上帝把我们造成了男人和女人,又让我们为身体而愧疚?是谁让男人和女人去履行创生、原罪、禁令或不可能？谁是上帝？是谁从一开始面对上帝就犯下了买卖圣职之罪？是谁在操纵律法条文？又是谁在有意无意地盘剥言辞的意义。这是一个难题；对我来说，上帝一直以来都是买卖圣职的牺牲品。另外，荣耀是否来得太容易了？无论谁写下真理并宣告真理，尤其是和上帝相关，须一直添加：开放性。

梅洛-庞蒂认为，可见之中的可触或可触之中的可见存在交错。这可理解为对主导的欲求，并否决了每种图绘的开放性。

然而

——我看不见能让我看见的光源，往往在我忘记它的时候，我能感觉到它。

——我看不见能让我听到的声源，我能感觉到。

——我看不见我的身体，或只看见了一点点。

——我看不见身体之中我的爱抚；爱抚只在其"恰当"的环境中才会发生，不可见；自身性的感触是最可感的，而不是可见的。

另外，视觉和触觉的交错在时间中颠倒了。关键在于原罪？触感是首要的，而可见性要求与它对等，甚至想超越它。可触性应该保留在不可触之中，伪装成视线所碰触到的空白：汝不得触善与恶的知识树。现实却是那树上的果子被碰了，被品尝到了，将碰触转换成禁令（你们不得相互接触，除非为了生育），尤其是可见的肉体：他们看见自己赤身裸体，他们被迫遮住自身。触感代表了神性的愉悦，一种"人间天堂"，直到进入有关善恶知识的那一刻。黑白分明的观点？破坏组织，一分为二，相互对立，充斥着审判，把碰触变成别的什么而不是它自身，在去具身化之中、在感觉的抽象形式中毁坏了触诊，既不是以槛界路径，也不是以嘴唇来取代触觉，就去抨击它。

还有什么呢？僭越肉身界限，超越可见性是为了获得这样那样的知识，其结果就是从人间天堂的门槛被驱赶出来，根据上帝指派给我们的命运，那里是伊甸园之门和肉身重叠的入口。为了获得知识，必须远离肉体愉悦，一种适于可见性的感触和感触的可见性的知识，这是通常的认识论的形式，男人被责成劳作、受苦、背离肉身、追寻上帝，为了营生去开发自然。

可见的和可触的这两张图绘在彼此之中还不能完全的相互适应。如果有一个能振作起来，那么应该是触觉。但它依然是所有感官可利用的根据。风景再开阔也无法在图绘之中关闭，触感是所有官能的记忆和材料。它能记住而无须记住主题？它建立起所有事物的肉身，使得他们能够被塑造、被勾勒、被描画、被感受，从而明朗起来。

首先，触觉被接收到，先于主动和被动的二分对立，像沐浴，在流动性之中，内外通透。这完全不是可见的。再者，触感自身也无法确定能否变成行动。

至于看，是稍后获悉的，尽管也是在肉身并从肉身接收到的，它能够占取那些不能被占取的东西？我能不依靠触摸而活在可见性之中吗？我当然能走得更远。为了更加伟大的，远离我自身，远离我可感触的身体。只有通过光的碰触我才能看，我的眼睛依然在我的身体里。在看之前，我被感觉所触摸和包裹。

问题也许在于"处境"，或转换成我的内在境界。应该由感受引导我去那儿。我能够转换吗，把感觉变成某种内在性的事物？如何做到？亲密的境界缺乏什么？它总是残缺的。

关于我眼睛的运动，这不可能单独发生在可见的世界之中：在身体和肉身的地穴中也会发生。

不用进入观看者或可见性所蕴含的，因

为可见是在用看触诊,它被铭刻在揭示给我
们的存在秩序之中;观看者自身不应该是他
所看世界的局外人。一旦在看,视线就应该
是双重的(正如这个词的双重含义),带着另
外的幻象或补充性的幻象在看。(p. 134)

某人必须看见我,以便被那个看我的人居有。

不用去检验看者的认同和可见性能走多远,这里存在两个问题:

——产前的逗留寄居是不可见的,对我的眼睛来说,有另一个看者正在看着我的看,我也能看见他:从这个意义上说,从母亲的视角凝视,没有人能被取代,女儿也许能够"像"母亲那样触诊这不可见性(此处的"像"意味深长,她从未怀过孩子,不同于这样的不可能性);

——那另一性别看见我的地方,我不能看见,反之亦然,尤其以触觉的名义,以不可逆转的凝视翻转之名义进入肉身,那里没有他人可以被取代。

身体通过个体发育,将我们与事物统一起来,就像双唇那样,两种轮廓相互贴合:

> 身体是感觉的（泥）团（mass），在其出生之地就被剥离掉了，但身体作为看者，依然朝着出生之地保持开放性。(p. 136)[59]

双唇，好奇怪的比附：一边是感觉的泥团，一边是泥团在其出生之地就被剥离了，作为一个看者，它保持了开放性。一片唇保持它自己的感觉，另一片才会出现，是前者在看，和看者绑定在一起。一片负责触摸？另一片是可见的肉身？双唇不在同样的感受中相互碰触，严格地说，根本没有碰触，不像我们的"身体"之唇。

女性身体或肉身的独特性在于：

——事实上有两副唇：一个在高处，一个在低处；

——事实上是敏感的，女人能触摸他或她浮现出的可感性。女人作为女人或潜在的母亲，梅洛-庞蒂所说的双唇能在她之中碰触它们自身，在女人之间，无须求助于看。这里提到的两个维度就在她的身体里。她以不同方式把这体验为体积？

---

[59] 此处中译本是："就像两块陶泥像两片嘴唇那样"，见《可见的与不可见的》，罗国祥译，商务印书馆，2016年，第168页。结合英译 mass，故译成泥团。——中译注

这也许是男人和女人之间的差异，根据同样的机制双唇不会相互应答。因此才需要母亲和她的替代品，在她自身之中足以成为"二"，作为母亲和女人。这两种存在至今还是不可见的？

🍎

  观念是语言和演算的另一面。当我思考的时候，观念激活我内在的言辞，它们萦绕在言辞的周围，就像小提琴手被"小短句"所捕获，它们超越了词语正如小短句超越音符——不是因为它们在另一隐藏的太阳光下朝着我们闪耀，而是因为它们是发散性，一种永远无法完成的差异化，在一个符号和另一个符号之间，它们是重新开启的开放性，看者进入可见性，可见性进入看者，肉身因此裂开了。(p. 153)

永远无法完成的差异化，这也许是一种症状，性差异的记忆之谜还未在语言中实现。总有些事物在言辞"背后"歌唱，像抵抗踪迹，那不可化约为自身的他者，希求符号之间不断的开放性实践。让肉身在符号与符号之间显现。可见性之中的看者和看者之中的可见性的裂隙，表明在这两种"符号"之间不可逾越：男性气质和女性气质，活生生的符号，如看者和可见性，互不相见。这差异被体验为触摸而不是"看见"。哪怕肉体相遇也看不见。肉体和肉体彼此不可取代。先于任何神，超越此时此地。上帝有助于空间、时空的拟定，但他未曾获取"这位置"(take "the place of")。是他让差异得逞，是他让差异发生。但他不会去充盈它。

> 正如我身体的看，仅仅是因为它是可见性的一部分，我的身体在可见性中敞开，正如编曲敞开了附着其上的意义并反映着编曲一样。(pp. 153-154)

"我的身体能看，仅仅是因为它是可见性的一部分。"如果我看不见异样的他者，或者他看不见我，我的身体就再也看不见差异。一提到有差异的性别化的身体，我就变得盲目了。我几乎很少去觉察这外在的现象，它揭示这微不足道的可见的肉身。我待在黑暗之中，去操弄"预感""机智""雷达""波长"？如此表面化的补偿几乎很难去填补裸身，或去遗弃它？我性别化的身体，这肉身的可见性是如此匮乏。

去看并不是"因为它是可见性的一部分，我的身体在可见性中敞开，正如编曲敞开了附着其上的意义"反映的是我的身体。

在子宫里，我什么也看不见（除了暗黑？），但我能听。音乐在意义之前到来。对意义的期备在温暖、湿润、柔软、动觉之后到来。我听到这一切了吗？触摸之后。没有触摸我就听不见，而且也看不到。我在听，我听到了性别的差异化、声音是差异化的。

是意义和语言颠倒了聆听的秩序？首先，我听到了女性的某些的东西，从女人那里发出的声音。然而在男性气概中，除了语言学家所说的一个标记，语言被说，被秩序化。女人跟随男子气的语法规范，这据说是中立的，语法还要求我们添加阴性词的标记：e。[60] 女人在语言之中领先并跟随男子气。最初的音乐和最初的意义有不同觉知，源自什么将会或什么将不会被感觉到。最初的音乐很少返回到主体（比如尼采意

---

60 法语阴性-女性词汇的标记。——英译注

义上的主体性怀旧)。当意义返回,常常被标记为"墓穴",取用这词不同的意义,最初的音乐成为极致之光。发声方法总是最难忘的,并且/但是在语言的波动中没有重复。这一切会到来,会发生?

> 对语言学家来说,语言是观念系统,心智世界的碎片。(p. 154)

语言是观念的系统,不仅对于语言学家是这样,对于所有言说着的主体(speaking subject)都是如此。在语言中我们都是观念主义者。一出生,就与母性自然、远古状态、肉身档案切割开来。扭转到"我们自身",依然发端于自我的原初部分,那被遗弃的"他者"——另一个更女人,两性都是如此。肉身的一部分不会回到我们这里,以最初-觉知-承纳的方式。我们富有生机的部分被掩埋了,连同他者被遗忘,又是在他者之中,须以另外的"嗓音"才可获悉,可这嗓音被观念秩序(?)遮蔽了。观念缺乏嗓音。法律和符码文本,不再拥有嗓音,即使它们以某种方式建立在嗓音"模式"上。

> 正如对着我看是不够的,因为对任何人来说我的样子都是可见的,还须让看自身是可见的,经由某种颠倒和扭转,或经由某种我出生的单独事实所给予的镜像。(p. 154)

为何出生这事都弄得这么唯我论?事实上是在暗示孤单。但孤单能够被表征为"一个人自己的扭转"吗?尤其是经由镜像?难道镜子和肉身不是属于同样的或不同的秩序吗?它们该如何相互贯通,又相互排斥?尽管我可以触摸我身体的绝大部分,但在其中看见我自身是不可能的。对我来说,看着我的看,这是不可能的。我能够看见我自己,部分地,缩小我的视阈。我能看见我身体的某些部分。但自然状态下,脸对我来说是不可见的。需要一面镜子才能看见我的脸,在建构肉身可见性的举动中,我从未看见它。难道我的脸所表现的风险是从自然到文化的过渡?表征的风险?困难的是我也看不见我的后背。这张脸,被他者遮蔽、揭示、侵犯。身体的这部分免于我的看。

我将永远看不到我的黏液,看不到肉身这最服帖最内在的部分,我也触摸不到手指皮肤的外部,同样也觉察不到手指的内部,由外及里、由里及外、里外之间的另一个通道的槛界:我感觉在他者的维度上被揭示、被遮蔽、被侵犯,我的看不能保护它们。这些黏黏的膜在逃避我的掌控,就像我的脸,尽管有所不同。合拢双手,不是为了相互掌控、相互抓取,而是为了没有掌控的感触——如双唇。合拢双手,也许代表了黏液最服帖的记忆。

而镜子给予我们可见性的另一种秩序。薄凉、冷冰冰的,僵在那儿,漠视生机,侧重操控的品质。我看着镜子里的我,就像看着另外一个人。在自我和别人之间,我把别人当成自己,这种他人的横向颠倒让我不知所措。这他人的左手可丈量我的右手。在我自己的触摸中,我可以比任何消极更加消极。这会推动我进入内部并超越我的视阈。所有掌控的可能性。那深度,是否如一桩事件,一次事故……在镜子里的他者和那颠倒我的他者之间,是同一的他者,那么近又那么远。这也是可见性的一种现象,鉴于无法了解,他者扣押了我的看,也看着他,而他看到的正是我自身所看不到的。在相互的遗弃中我们建造着,每一方都是为了他者,为了这不可见的孔洞,而不是绝对感觉中的宫内生命和肉身关系。每一方都进入他者,不断地进入黑洞,我们消失了。

传统上,男人宣称他是观看者,经由他自己的视线以及他者的看(这他者能看见他),观看者的视阈不可能从这一边穿到那一边。掌控的信念和意愿也许建立起肉身最根本的幻觉之一。投射屏或盔甲是情爱关系中的禁令。这推导来自上帝,他不可见但他能看见一切,从而弥补了他者凝视的盲目性。

我的脸总在黑暗之中。我的脸还未出生。这也许就是形上学岌岌可危的原因,它试图带入光线之中,而这光尚未亮起来。母性的子宫内的不可缩减的黑暗,它们就是最激进的战神。

(非常奇怪的是,拉康把镜像世界理论化了,他认为小婴儿和母亲能够在同一面镜子里看自身,也能相互看见。如果婴儿不能够在镜子里单独看见自己,他怎么能够区分他自己和母亲?如果婴儿和母亲一起进入别的世界,他就会冒险复制,或创造与妈妈的混乱融合。)

另外,似乎并不是婴儿需要一面镜子看见母亲,如你一样去感知她。镜子的功效如差异化的刀剑,这是通往世界而不是生活的道路,但那不是小孩走出母亲世界的道路。要强调的应该是小孩缺乏运用眼睛的能力，包括镜子，然后他才需要一面镜子看见他者。

> 同样，如果我的言辞有种意义，并不是因为它们表现了语言学家将要揭示的系统性结构，而是因为这结构如同看，反指其自身：有效的言辞是晦暗的区域，它带来结构性的光照，犹如身体对自身缄默的反射，我们称其为自然之光。(p. 154)

如果说言辞有什么意义，那是因为由我的知觉出发也触动了他人，那曾感动我的同样也会感动他人，是言辞组织起了知觉驻留的可能性。当他人有所觉知，是他给予并回馈了我的驻留。只要他或她以相宜的方式，与自身相关，栖居在自身之中。同样，只要我的言辞承载了驻留的意义。然后"结构"的必要性才出现，像一所"房子"，不会隔断知觉，守护他们，让他们安居、同居，这是社会性的也是政治性的。

> 有效的言辞是晦暗的区域，它带来结构性的光照。(p. 154)

问题是一旦光照建立起来,言辞的有效性依然是晦暗的。这光及其规范取决于效能,可这依然是模糊的。这不正是母性-女人所在行的吗?保持暧昧性,尤其社会一贯都这样认为。

> 看和见具有互逆性,在这两种变形的交汇之处,知觉产生……(p. 154)

这是梅洛-庞蒂假设的可逆性。看在可见性之中包裹我?这难道不是某种泛灵论?在此,可见性变成了另外的存在?照他所说的,难道看和见成了他自身的两个方面?他自身的两种变形在一个闭合的系统中交叉?知觉产生于看和见的交叉,看和可见性的交叉,这个在看的人和世界的交叉,事情已经被看包裹、环绕和"图层化"了。看者确实有观看的知觉,那是因为可见性已经具备洞察力了?如果我所看的和我的视线没有亲缘性,我将接收不到这可见的世界。世界和我的互逆性(梅洛-庞蒂拒绝将它们一分为二)暗示重复产前的逗留,在那里,世界和我形成了闭合机制,只有某些部分是互逆的(方向相对,互逆才有意义:子宫提供基座,更多的是在母性-女人这一边,未来的"主体"或看者在世界或事物的另一边),另一些是逗留在天堂的期盼,除非在事物和世界之间建立联盟和爱的约定。看者和可见性的关系不可分割,确实是泛灵论痕迹的残留,正如母性力量的包裹随着诞生而来,或如对上帝在场的期盼?或者两者都是?依照这观点,事实上在降生过程中没有哀伤发生,经由脐带互逆性还没有被剪断。经由这样切题的分析,我打造了感觉世界的编织法,正是纯一排除了孤立,尽管其自身的系统化是唯我论的。看者从来都不会孤单,他不停逗留在他的世界之中,最终他发现了一些同谋者,但永远不会和他者相遇。他的世界再现或重造,大量地盘绕着脐带或者通道。知觉应该发生在胎盘组织和胚芽交汇中,这总是直接与它(她)相关。

如果非要使用术语——不是临床意义上的——更何况,我不是在这个层面使用这些术语的——我认为梅洛-庞蒂的观看者整个还停留在乱伦的产前状态。至少在西方,几乎所有的男人都处在这样的实存模式或存在模式之中。历史地来看,梅洛-庞蒂的写作,是少有的或第一个感受到这个的作者。知觉的境况依然还未得到揭示,晦暗的光却在烛照全世界?"事物"的维度及其运动依然没有改变,这也包括运动和维度之间的关系。

> 当然言说和其指称也存在互逆性；意义是用来封存、终结和汇集各种发声手段的，包括物理的、心理的以及语言学的，把它们收缩为单一的行为。(p. 154)

言说也能形成某种组织，有所指称，意义趋向于密封彼此的行动，是言说行为的交叉路口。如棒针在给定的时-空中穿针引线，填满它们的潜在性，在现实化之中充满力量，这一刻，工作完成，功德圆满。

> 视线完成了感觉的实体……（p. 154)

梅洛-庞蒂高估了视线的特权。再一次，他表达了我们文化中被高估的视线特权。我的感觉实体须通过视线来完成吗？为什么要完成？为什么是视线？难道这是对感官的再现，这感官最具有完成度？充分揭示/再次遮蔽？遮蔽了什么？是裂隙、深度、深渊？那完成，完成的我和他者相关吗？尤其是那正在触摸的和正在被触摸的他者。通过看去触摸，这就造出了一副镜片,透过它我能接近他人,而不用即刻朝向他或她,朝向感觉敞开,至少我是这么认为的。自主思考是通过我的视觉结构来完成的。这成了一种权力,我感觉性身体里的污点。相应地,也就没有什么是可感觉的了,尤其当触摸也被当成看。这一切给予我一个闭合世界的幻觉,那闭合完整的,是因为"我",男人或女人,出自或出生于他者,女人-母亲。

梅洛-庞蒂所要探讨是在所有维度上,关闭我们和世界关系的回路,而这允许我在闭合之处进入感知。视觉是一种有效用的官能,以其自身的方式总体化并封闭起来。不同于其他感官,它能创建视野和景观,植入一个视点。视觉运动正好是建造我们自身的感觉实体最为充分的方式。而穿过、跨越世界,在其中舞蹈,相对视觉而言能更好地驻留。但梅洛-庞蒂却想把这舞蹈变成视觉,以便关闭或运作我们的身体,包括可见的互逆性。在网络、外套和表皮上以视阈来完善我,我们自我给予,我们不停地编织,是为了生活,为了降生。驻留在某种黑暗之中,被黑包裹,可见性不是透明的而是运载了透明性,与其相伴的是晦暗、重量以及肉身的厚度。他的分析非常精微优美,使得视觉的特权跃居其他官能之上,从而撤销了大量的触觉现象学。当然,视觉也是触觉的一种模式,但正是这特权封闭了感觉实体,这就是梅洛-庞蒂所说的表皮,膜状物,还有他们的隐形眼镜。他的视觉现象学把自身几乎误解为绘画现象学或绘画艺术。有时,他以抒情主义者的口吻谈论对艺术的热爱,没有哲学家的严谨,好像一个人必须屈从于其权度。这仅仅是一个意指问题,其特权和视线一致,的确给出了一些被形上学所忽略的维度,但还是残留了高于其他感官之上的特权。将触觉还原为视觉,并从视觉出发。在物质和肉身角度之下,依然布满了观念或观念主义。谈论肉身但又抹除了其最具力量的成分,那些别样的创造力。一旦和世界的关系被"锁闭"或由视觉所主导,维持事物的状态就极具风险(或被双手间的触觉所主导,这是他文本中所讨论的)。

> 就像看的可见性抓住了它所揭示的事物,并成为其一部分一样,意义与其自身的手段重新绑缚在一起,这附加上去的言说成为科学的对象,通过一种从来不会落空的回溯性运动,意义先于自身——因为言说已经开启了命名的和可说的视阈,言说明了自己

> 在这视阈中的位置；任何谈话者的说都预先把自己弄成听话者，仅仅说给自己听；以这孤绝的姿态，他关闭了与其自身的关系回路，以及与他人关系的回路，同样地，他也把自身设定为言说内容，设定为一个人所说的言语：他把自己也把每一个词提供给一个普遍性的言辞。（p.154）

语言之中的意义，在语言中先于自身，言说的预期如可见性之中的看。但运动并非是同样的（这里存在感觉的问题）。在回溯和期望之间，语言更多的是当下秩序的桥梁。在期望和重现的无尽往返中，"主体"总是保持其自身，所说的总是对其后的说有效，前后互逆。这来来去去的沉淀是闭合的。

在他者之中，有两点须强调：

1. 言说模式的循环说明产生任何变化是如此困难。主体的整个言说实体，以某种考古般的方式被既有的口语所建构。对他来说，指意被修改，相当于修改身体或肉身。当然这不是一蹴而就的。那些撼动语言的所有发现之所以被抵制，也就不难理解了。没有出离，接受这个就是不可能的，尤其对于无法感受到肉身必然性的人来说，更是难以设想。话语的理念是单一性别的，但也有必要建造一个房间，为另一种话语留个地方，将差异放置在一起。抵抗至少表明其自身的顽强，否则精神分析学家就会去关注这些，去处理意识语言的杂货铺。针对杂货铺，或这样的背景[61]，他们不会全盘接受，前提是得到解释的，杂货铺如语言一样揭示自身，对另一性别的压抑-审查就会成为现实。

2. 语言残渣（sedimentation）在过去与未来之间编织着，我当下的言说扎根于那已经被说出的，并关闭主体和其言说之间的循环。语言，语言发现自身建立起了另外的基地，更像是另一种循环矩阵，主体以此保持着恒久的交换，在语言的交换中主体接收他自己，不能够也不愿意去修正它们。再者，他称自己的语言为"母语"，这是一种替代性的符号而不是现实。他的语言绝非被母亲或母亲们所创造，除非有时复制在母亲之中或在自然之中的逗留。但这样的再生产不是一种母性的创造。

这语言，这些语言根基深稳，显然没有什么比改

---

61 法文原版使用的是英文词 background。——英译注

变它们的文化更加困难的了。尤其是因为主体预期他的对话者和说话对象，因为主体创造了它自己的说话对象，因"这孤绝的姿态，他关闭了与其自身，与他者关系的回路，同样地，他也把自身设定为言说内容（delocutary），设定为一个人所说的言语：他把自己也把每一个词提供给普遍的言辞"（p. 154）。在他的言说行为中，也在和他人的语言关系之中，主体关闭了环套，关闭他的泡泡。

言说不是用来交流、相遇的，而是用来说给某人自己听的，用来复制和再复制自身，环绕人自身，进入人自身。除了那已经被锁闭的，没有生成任何事物。除了那已经说出的疲乏言辞，那已经被带入实存的，没有空气？没有新鲜的事物，普遍的言辞里没有什么降生，这相当于最唯我论的建构，主体的结构，而主体不再能够熟悉事件，或许根本就一无所知。一个人一开始就转入环套中，就这样，语言总是注定了的。像礼物的流转，保持不变？在世界的肌理和主体的肌理之间，在语言组织和主体线索之间有种孔洞，他们都能够相互置换和交换，像台机器，将事物缝补放置在一起，前后针脚无限期地相互置换。没有创新发明，没有事件，没有随意性，只有没完没了的操作。

在此没有新的言说。一个人无法想象任何说话对象，无法想象另外的性别。在"普遍性的言辞"中被羁押，没有其他的脚本来严格地说出这一切。对于上帝、普世性和他者的不可预见性，宏大言辞没有给出余地。"一再重复"的是宏大的言辞？这言辞不再向未来敞开，断送了清明的实践：求助的哭喊、宣告、命令、感恩、预言能力、诗意，等等。实践中，他者在场，我能预期的、我能置换自身的并不是那个受话者。环套打开了。意义不是功效，如同给定和接收的循环。意义还处在自身制作的过程中。一种元语言的超级概括总是局部的，这一点值得注意。它不可能悬置和裹覆言说的生产。言说总在不停地寻找它的节律、它的尺度、它的诗意、它的家园、它的国度、它的道路、它的缺点，朝向其自身，朝向他者，所有的他者——相同的或相异的，还有它的伦理。言说总存在风险，稳定的和不稳定的，像在每个瞬间发现自己、发明自己的那一步，每一片簇新的风景都在发挥功效。在这样的言说之中，普遍性失灵。即使偶尔表达了普遍性，也比顽固、永恒的言说要好。中立化的言说，关于中立？主体言说总是不停地在语言、语气中补偿其道成肉身，在此他还炮制这技术性的权力机器，一种分娩的机械化的哑剧,但这不是"肉体的升华"。唯我者的存活几乎很难不是机械化的。一种肉身建制的复制品或替代品?语言-主体的专制,颠倒了肉身的母性馈赠。

肉身的升华所匮缺的是:穿越沉默和孤绝从而走向实存的道路,人一出生言说就在那里了,出生空间需要他来定义,来标记,当自身在言说,他就能对他者说出自身,并且能听见自己的说。

> 我们应该更仔细地追踪沉默世界到言说世界的转变。在这一刻,我的建议是,一个人既不能说出解构,也不能说出沉默的保留(更不能保留解构或实现破坏——这也只是提出问题而没有解决问题)。当沉默的视线落入言说,当言说逆转开启一个可说的和可命名的领域,依据它的真理,并将自身铭刻在这领域,在这地方——简言之,当它改变可见世界的结构,让自身成为心灵的一瞥,心灵直观——这总是因为可逆性的基本现象,同时保留了静默的知觉和言说,正如肉身的升华,言说可以宣称自己为观念的肉身

化实存。(pp. 154-155)

对梅洛-庞蒂来说,没有沉默这回事。沉默世界的结构充满语言的可能性,总是被给予的。那么,废止语言的匮乏,在沉默中铭刻自身的创造性,这些也就一无是处了。言说要么是现实的,要么不是,但它的领域、它的方法、它可能的领悟已经在那里了。没有新意可说。不能说这是被创造的。万事皆备,不停翻转。正如可见性一样。在其他功效中,言说负载着从可见到声响的沉默,变化中的沉默,进入心灵一瞥的沉默,"总是因为可逆性的基本现象,同时保留了静默的知觉和言说,正如肉身的升华,言说可以宣称自己为观念的肉身化实存"。

肉身升华,或观念的肉身化实存,这是迷人的言论和假设,如其恒久让人迷惑,循环和旋转已经在那里,这是是为了观念的具身化,而肉身的升华永远无法达成。只要能够保留在翻转的状态中——"终极真理"——这运作或状况就会发生。因此这是对立性的。如果翻转没有被打断,肉身的升华就不可能完成。

换言之:如果束缚没有斩断,母性世界及其替代物的渗透性交换就不可能终止,肉身的升华如何能够发生?在封闭的环套中保持生成性,在一种与他者相互滋养的关系中。这升华难道不是为了加入与他者的联盟?这似乎并不成问题。难道升华被固化在某种状态中?被耐久性所保留,并分摊了它的裂隙和震惊?在此,所谓的逆转性只不过是主体产出的外部黏液,重新裹覆了主体。肉身的炮制毫无疑问在此发生,但唯我论总和母性有关联。他者女人的肉身观念在此毫无踪迹,同样也没有他者肉身升华的踪迹。一种胎盘营养替代品的炼金术。某种层级代表了主体、世界以及它们交换的考古学。但这考古学已经存在了。即使在忙于制造其自身时,主体和世界就已经完成了。它们应该在不可改变的根据和视阈中炮制自身吗?为了改变主体、他的语言、他的世界,万物都应该被拆解和重新创制,这包括语言的可能性。它的根据和基础。我们在其中进行交换的普遍性言说推论,那些不可改变的、预设的、预先被给予的交换,都可以问题化。

在某种意义上,如果我们想彻底弄清楚人类身体的建筑术,它的本体性结构,它如何看自身如何听自身，我们就得去看沉默世界的结构，语言的可能性已经在它之中给出了。我们作为看者存在（正如我们所说的是这样一种存在，让世界转向它自身，我们转到世界的另一边，用眼睛彼此观看的存在）。
(p. 155)

在梅洛-庞蒂看来，世界转向其自身。在静观冥想之中，看者不可能对着世界或他者睁开眼睛，去发现和尊崇他们的视差。他反转世界易如反掌吗？正如他的掌中玩物、他的创造？他能在深度上探测世界的结构并试图涵纳它吗？但这姿态，这姿态的品格使他相信他能够涵纳世界？这是一种本能、一种信靠吗？梅洛-庞蒂须三思？他必须给自己一个根据？在此进展中，根据和思想循环返还到同一个点。为了进展。正如地球绕着太阳转，太阳绕着自身转？我们应该去感知，去遭遇这个世界，在那些循环的交叉点上去看看他者？相互对视，经由他者彼此看见。

相互对视，在循环的交叉口我们发现自身，这有可能吗？这不像看者和可见性的互逆那样煞有介事，封闭世界的可逆性导出了我和你。在世界之中，对于两个相互对视的看者来说,运动才是一件幸运之事,在同样的环套中,在交叉路口,去发现彼此,或者在两条平行道上看见彼此。也许碰巧还看见了彼此的眼睛?极不可能的可能性。当这一切到来,两个看者吸收了"普遍性的言辞"及其影响,吸收了世界,正好以同样的方式在同一时空节点上发现彼此。未必是突如其来的好运和机会?未必是恩惠?在这一刻让我们相同。

梅洛-庞蒂不会说这些。剩下的只是肉身的幻觉了。我们从不对视,看不见彼此的眼睛。无论普遍性言说怎样,一个世界,我们的世界将我们割裂开来,要避免隔离——无论如何梅洛-庞蒂的分析还是令人愉悦的。我们"让世界转回其自身","然后转到世界的另一边",因为我们都是观看者?毫无疑问,在任何时刻,为了视域的薄膜而不是为了整个世界。世界需要被完成,身体建筑术的解释才有可能,"它的本体性结构"表明,在静默世界之中给出了语言的可能性。无法觉察一个没有语言的世界,全部的语言实际上在沉默之中存在。这是在说语言和主体是同形的,反之亦然,所有的一切都在环套中被封存好了。没有新鲜的事物,只有世界和主体之间的来回编织。预设主体看见了一切,他是所有看的先知,一览无余——既非世界又非他自身。如果语言已经驻扎在了世界和主体的沉默之中,如其本体性的组织,那么我能够让世界转向其自身,还能在转向另一边之后撤返回我自身。我是在把玩语言世界的环套吗?我添加了什么?我还能撤销什么?这总是同一件事情。我围绕着"中心",这锚定点滚动,但不会接近中心。我保持着这重复的姿态,深挖我自己,深化我自己?深挖或深化这世界?联合起我们?在梅洛-庞蒂那里,能量在织布机上来回穿梭。编织着看与见,我只能说这编织隔离了我自身。织布越来越细密,将我拽入其中,是为了庇护我也是为了囚禁我。

就某种程度而言,主体从未进入世界。他从未从渗透性中显现,让他和他者说话:"你是谁?"以及"我是谁?"当我们在一起,何种事件能够让彼此相互表征?不可逆转的事件,除非涉及死亡。梅洛-庞蒂的肉身现象学没有提出这样的问题。在"二"之间,对自由的质询没有空间,没有间距。没有让世界敞开的他者或大他者。没有起源,没有恩惠。人劳作,与世界嬉戏,已经成为神了,直至精疲力竭?谨慎地。独自地,没有倦怠吗?

> 在某种意义上,理解一个短语无非是去迎接一个声响的存在,正如我们认为的那样,是听见了其所说的。(p. 155)

在此,意义和声音混合在一起,口语链条的所有差异都是完整的,说出的是链条的整全性。给出的言辞是用耳朵来听的,一个人身处言辞过剩之地,那是言说多样性之后的事情。万物都是被给予的,外部和内部的。但万物依然在恭迎、解码、阐释和聆听。

> 某种意义上,正如胡塞尔所说,整个哲学都在坚持修复意指的力量,修复意义的诞生,一种原生的意义,一种语言的经验性表达,这种表达尤其澄清了语言那独特的领地。(p. 155)

万事俱备,哲学的效用在于修复意指的力量,修复意义的诞生,一种原生的意义。问题是:不改变语言的基础这一切有可能发生吗?可逆性成了最后的真理,不破除这预设,这一切有可能发生吗?如果意义还没有被听见就存在的话，预设也需要质询和"开放"，这语言是性别化的，通过言说它们才能相遇，在世界之中，一种性别是不可化约的，没有残留物，就不可能拥有可逆关系。

丰饶的爱抚：
读列维纳斯《总体与无限》，"爱欲现象学"

　　一个故事的眼界在它开头部分就注定了：这纯真，触摸的纯真感，这里没有主体。沉浸在宣泄感染（pathos）和感性知觉（aisthesis）中：震惊、惊奇，此前总是被恐惧所环绕。

　　爱神优先于诸如此类的爱欲定义或构造。带着出生的感性愉悦进入世界，看自身保留了触觉——奔向光亮处。依然是肉身化的。性感却毫无察觉。爱欲总是在不停地重新开始，而不是建立在主体的始源处，主体看见、衰老、死于热烈触摸的遗失和永恒开端的无辜。一个主体总是"固定的"，没有"风一样的自由"。主体知道对象，并试图控制与世界以及他者的关系。关闭所有的起始。唯我论的。通过占有掌控世界并怡然自得。没有交融,孩子气地接受一切。消费者消费着他所生产的,对于在任何成品出现之前就已经供给于他的事物毫无兴趣。

感性愉悦重新开启和翻转了世界的结构和观念。它能转向主体与客体的幻灭之中。举起所有定义他者的图式,经由定义来理解掌握。爱欲抵达无辜,从未作为他者和他者一起发生,而是与他者处在一种非回溯性的"无限"共情之中。所有的感觉舒张开来,不可化约为义务的耗散和圆融。吸引他者的品味无从定义,也从不满足。即使进入居所,感性愉悦也处在槛界处。它在此逗留,先于栖居并追随栖居。

这姿态总是在预备婚礼,总是在婚礼之中,没有圆融的结合,对他者的轮廓忠贞不渝之时,结合就达成了,这姿态可称为爱抚的接触。

先于主体的设定,触摸在肉身之中绑定又松开两个他者,掌控不能染指肉身。把这一个和那一个装饰一新,不在套中,也不在套外,没有撩拨、唤起,没有裸露的邪恶取悦,而是去沉思和修饰它,总是第一次,以有限之中的无限肉身、有待完成的肉身,去遮蔽、去解蔽,一次又一次,像温情的浸染,去寻求和确认他者性,去呵护它。

在此没有什么去证实主体。去渴求从来不会发生的产出,这是待产的,在地平线上退缩。生命总是朝向所发生的。转瞬即逝的碰触还未得到安置。有关未来的荣耀无人能够掌控。那将会也不会发生。当一个人这样期盼的时候,对世界和他者的居有就悬置了。正到来的将来不可被死亡的超验性测度,能够测度的倒是自我和他者的降生。不要关闭房间、居所和身份的任何向度,每个人都得拟定或重新拟定身体、环境和摇篮。

爱的丰饶其根本的姿态和善举依然是爱抚。

在口头表达到来之前,触摸就已经存在了。没有任何话语滋养品能补充触摸的荣耀。触摸让等待成为可能,去聚集力量,这样一来他者将从内、从外返回爱抚与重塑之中,被给予的肉身也能在爱的姿态中回归自身。最微妙的必然保证是:我的生命就是他者的肉身。对我来说,是他的手在靠近我。将我带回最亲密的生命之中,胜过任何再生性的滋养品,他人的双手,手掌伸来临近,不会穿透我,让我回到身体的边界,唤起我对深邃亲密感的回忆。他爱抚我，选中了我，不会消失也不会遗忘，反而是回想起那地方，对我来说，最亲密的生命已经在持存中升起。为他自身探寻还未到来的，他发明了我，让我去成为我有待成为的。意识到出生，出生在未来之中。超越概念，跃入母性子宫，唤醒我的另一次出生——作为在爱着的女人。

除非一个人处在取代父亲和母亲的状态中，出生就永远不会来临，这姿态朝向一种激进的非伦理行动。对给予我身体的人缺乏尊重，对那个把身体交还给我的人缺乏热情，在他那温情的觉醒中。

当爱人们，男人或女人，想要取代、占领和居有这个孕育他们的位置，他们就沦入非伦理和亵渎之中。他们既不建设也不安置他们的爱。保持在不再或未曾之中。受天谴的睡眠者，残忍的梦中人。——一个人和另一个人处在无意识状态中，那也是感官的愉悦？不育者，如果不是为了孩子。

这可以解释爱侣交往的闭合和封闭：不生育——如果不是为了孩子？把被爱者遗弃在爱的无名之中。去触摸必死女人的脆弱性。至少对他和他的地盘来说是这样。

爱抚并不寻求去控制充满敌意的自由，无论如何亵渎。僭越上帝的自由？感性愉悦也许正被僭越所滋养。已经增长的贪恋。无休止地延迟我们自身的潜能？当他，即爱者，遭返回超验性时，她，是被爱者，[62] 跃入某种深度之中。爱抚不会抵达更亲密的居留地，在那里有些事物从更为隐秘的耗散中聚集起来？在一种薄膜状的庇护所之中，并经由它从深度向高度扩展？从最深的地府到最高的天堂？从一个人到他者的循环，难道是在做爱的时候发生的？

亵渎总是登陆在这槛界：被隐匿的和被揭示的同时都在这里生效。从黏膜到皮肤的通道？预感到最初的栖居之地，如今空无一人，仅存甜蜜丰饶的记忆和期盼。不是裸身带来并照亮亲密性，这肉身最初的居所。对某种目光来说，这是夜间的事物——它期盼一件外套，为了不去看那不可见的一切？

62　从此处开始，伊利格瑞就开始设定不同于男性主体的爱人概念，以爱人概念相对的女人只能是被爱的对象。基于此，为了强调性别意味，法文"amant"译作"男性爱人"，"amante"译作"女性爱人"；伊利格瑞的意思是客体位置也被性别化了。由此，名词"aimée"译作"被爱的女人"，"aimé"译作"被爱的男人"或"被爱的人"。——英译注

爱抚的幻灭朝向未来，区别于此时此地向着他者皮肤的临近。停在这个点上，冒险将被爱者贬为动物性王国，那曾超越任何可见性的诱惑和穿透的时刻流逝了。不同于黏液的亲密性，没有跨越槛界，依然待在外部。爱人们不断爱抚直至沉入深渊。感觉和感受最为内在的点的交融，他没有获得，在那里身体和肉身彼此言说。

在极度共情的时刻，感觉和感受走得很远，正如"倾覆头脑"的晕眩，在这沉浸之中没有个体化的形式，直至他们回到元质流变的最深处，在此，出生没有封存在确定之中。在那里，每个主体都不得要领。这路径不是制造出来的，也无法标记，除非唤起遥远的未来，朝向他者，接受他者的赠予，并放弃自我。后退成为可能，感谢亲密关系深入地揭示自身，打开或重新打开他者的神秘之路。

新生到来，爱与被爱，这簇新的黎明。敞开那还未被塑形的面容。这繁茂随着那一次又一次被滋养的深度而来。并非面具已给出就一了百了，在黑夜秘密的最深处，面具风化了，从沉浸和吸收中脱离自身。火花闪耀。差异之光在跳动，不同于那齐整的隔离和区分。

这意味着被爱者——和爱者——从内到外发现了

他们位置的颠倒吗?当然不是。而是爱与被爱一起更加内在化和外在化,他们更加丰盈了,先于任何生育。

儿子不能解决那最不可化约的他者性之谜。当然,没有被爱者的子宫地窖,也就没有孩子。在那里,爱者在奉承讨好之地回撤,没有任何辨认或这地势眼界的可能性。难道儿子出现在父亲面前,他不会想到自己的爱的行为?

但是,在儿子显现之前,被爱者的肿胀已经告知和显现了这生育的神秘性。看着他所爱的这个女人,爱者或沉思他的生育。如果被爱的女人(beloved woman)交出自己——女性爱人(female lover)[63]——就意味着孩子气的信任,一种动物般的繁茂,对于那些花时间重新张开眼睛的人,这阐明了一种爱情姿态的美学和伦理。

被爱者的美宣示着肉体的丰盛。她更美了,别样的美,尤其在她做爱的时候,比华服加身时四处游走更美。是爱,是爱抚,是在他者槛界这边超越所有限制的亲昵丰饶,在帕西路亚中静静地迎奉。以新的观

---

[63] 下文开始强调被爱的女人(aimée)和女性爱人(amante)之间的区别。——英译注

念，从心灵深处对新生的事物产生惊奇。她和他一起在回撤中被重新生产，在确定的时间之前，是她致命的预产期？爱者撤销对她降生的接纳，与对命定之日的估算和超越为伴。

先于任何生育，爱人们相互馈赠彼此的生命。经由他们不朽的起源，爱相继产出了他们。他们获得新生，在假设和限定性概念的绝对之中。每一方都欢迎他者的诞生，既不是她也不是他碰在一起，一种本原性的不忠，在此开启任务。没有谁想专注于脆弱性，他们相爱正如他们的身体也相爱。既非不可救药地抹除在不同的时空中已经出生的事实，也不是先于相互的联盟和代际，先于那已经活过的。

🍎

相对于屈服同一性的解构而言，爱人之间关系的神秘性更加可怕，但那致死的无限性也就越少。相对于所有包容性和渗透性的关系，它们拦截了比全部他者都更加亲密的滋养物，亲密只能在爱的行动中才会有。

同一性探讨的是有多少空间是适宜或正当的，有多少空间来占有我的肉体，细分标示出我的空间，突围,在我的视阈中创建营地——这对我来说,这营地不宜居住,也不可能接近爱人。

多孔性,她的丰沛回应,这只能出现在差异之中。多孔性从身体内部游动到外部。最深刻的亲密关系成了一张保护网。没有面具,偶遇的夜间品质得到保存,将自身转向灵韵(aura)之中。远离白日之光那不可穿透的明晰,这也是知觉,但不会持有自身。有时会将自身当成槛界加以克服,在彼此的触摸之中,自身被遗忘然后又被回想起来。

如何保持肉身的记忆?最重要的是,只要能记住什么,什么就是或生成了这个位置?它的当下性有可能展开为处所?触摸被埋葬在地下,在时间的建构中代谢掉了。秘密刺入他者的时间。永恒的大他者?

触摸的神秘性依然超越那触摸着的,每一种姿态的意图,一个人怎么能够回想起这持久性?成为他所铭记的?为时间的源泉腾出时间?抵临触摸那夜间的当下化?

没有面容?面容被触摸的夜间经验吞噬了,那触摸着的自身和他者,再次去触摸。总是被超越的谋划遮蔽了。总是不停地以可见性和黑夜来为不可见性辩护。

被爱者,这女性爱人从所有伪装中出现,不再冻结在致死的自由之中,她在生长,依然有种可能性,没有习以为常的面容,为了新生让自身被看见,见所未见。每样鲜活的存在都处在一种未完成的状况中,并不完美。

在那里,没有细查的发现,依然保持着不可见性,让自身趋附那亲密的触摸。触摸感知自身,超越凝视。裸呈的宗旨。触摸从不展示自身,哪怕其精确性昭然若揭,也不会展示自身。抵临他者或者不抵临。超越可见性的这一边,保持这可感知的肉身。

说清想象(image)和图像,面容就丧失了其表达的流动性,鲜活的存在永远在展开和成为。凝视着被爱者,这凝视被一种想象所诱惑,那么爱者就让她一无是处了,她的裸身如果没有作为无尽的悖动去觉知,就会成为一个伪装的位置,而不是震惊于不断的内在流动。被爱者的脆弱性是鲜活但又不设防的,要在一种从未明确的形式中去揭示这些。如果他任由她作僵尸状,爱者怎么可能查明她裸身界限的恐怖性,或去抖搂他所需要的,将其移送到生命领地之外?

面容，或至少某个概念、理念，或其再现，都会在爱的行动中被吞噬掉。通过返回所有感觉资源中去——感触，新生拆解和再造沉思。在此没有想象，除非自我被放逐或给予。除了其他方法，还可以用双手。像在初始之日那样去雕刻、去塑形，被爱者被淹没在婴孩期和动物性之中，只能在里里外外的肉身再造中获得新生。在自我之中自我的吸收是无辜的吗？不同于不可逆转的必死的出生，偶遇跨过槛界。去靠近，去融合，在更深远的视阈中，肉身的丰产是触摸自身，反复去超越原初的观念。

超越所见的腐化。回到这个夜晚，爱人们能够产生别样的启明和见识。他们相互赠予，扔掉那现成的，包括他们自身和理性。向纯净敞开，承担起折返自身的风险，为过去辩护。在这样的姿态中，双方都承担着覆灭、谋杀和苏醒的风险。

❦

爱人们的面容不仅活在面容之中还活在整个身体之中。通过他们整个的身形，一种形式得到表达。在它的外形中,在它的触摸中。像妊娠期的变形(morphé)。运动不止,重塑这道成肉身。

爱人们在道成肉身的时刻相遇。像雕塑家那样去引介他们自身,彼此贞信能将新事物传递给世界。

所有的感官具有爱抚的天性,这手的侍奉,以其自身趋近最为亲密的手法。

在此,女性爱人并不屈服于冰与火的交替——男性爱人抵临被爱者的冷霜之镜。偿还她自身的运动,阐明她的魅力,女性爱人在火焰中苏醒,不单单是从他者那里接受她。等待着但不会僵化,她不会锁闭自身,把自己关在想象的墓穴中,或关在否决其活力的谋划中。她趋向她自身的丰盈,更精细地揭示聚集自身。

不是一个人也不是他者为了思考去掌握摘取繁盛的主动权,而是双方都在思考、都在繁盛。为了相互给予,给予那生活中还未曾拥有的,他们开开合合。在互为丰产的时刻,在记忆和期盼中,相互再生、相互更迭。彼此都沿着无限之路行进,遭遇战栗,不要关闭自身,不要根据已有的超验价值,那被限制的维度去做决定。

丰饶的爱抚 | 263

当男性爱人攀升到一个伟大的高度，女性爱人又坠回婴孩状或彼岸之中。无法匹配。从一个终结点到他者，连接的链条如登高运动，除非颠倒他们的反映论，在此没有婚恋。

当男性爱人迷失在被爱女人的感性愉悦之中时，他如临深渊，这深渊深不可测。在错误的这一边，在超验的这一边，他们双双都迷失了，迷失在彼此之中。

被爱的女人，不是女性爱人。必须是客体，不是如他一般成为时间关系的主体。她把男性爱人从黑夜的深度里拽入深渊，他被绝对的未来掠走了。

被爱的女人沉入深渊之中，沉没于比黑夜更加始源的黑夜中，发现自己在破镜碎片中消散。难道她映射的冰霜之珠为爱搭建起了屏幕？由精美华服制成的？被爱的男人，经由她在她之中欲求，在壮丽的温柔之地驱逐她。把她冷藏在与其自身剥离的形态中，剥夺她爱的机动性，那柔巽，撕裂她的灵气之源，灵气也是宇宙的，在那里，带着天成的丰美，她居于和谐之中。是她，揽镜照花。弹奏大地星辰的别样节律，密切贴近宇宙的循环和颤动，在生殖中超越任何锁闭。移交循环而又绝不会融合成同一性。持续和耐心引发了鲜为人知的分娩。比自愿的消极更消极，对于创/生世界的行为并不陌生。天地之间，在她之中，有些事情发生了，正如不断参与其中的妊娠，尚待破除的神秘，她那沉重的命运。

当爱者将她贬为婴儿、动物性的或母性的，即神秘性的这一面，就宇宙关系而言，依然是黯淡的。为了保证人类子孙昌茂，牢记自然生产的职责，她被排除在世界建造之外。妊娠中的主体如小宇宙，不会去滋养、保护和丰富她自身，并以对大宇宙的漠视为代价，曾经一切都是注定的，被无尽盘剥，被忽视，覆水难收。圈定园圃耕作其拥有的。大地主人不会去在意那让丰产成为可能的自然世界，上帝只关心道成肉身的普遍性及其吸引的甜蜜。

她被区隔开来进入地下、潜水艇、石头和空运飞行器，缺乏光与火的闪耀。把她驱散到永恒的未来之中。遗忘了此时此地的迫切性——那被隐藏和埋没的。将女性爱人从她基本的聚集地连根拔起。

在他/她的所有维度和方向上兼并他者，为了在语言之中俘获他/她，并迷住他/她，居有语言作为原则和内在性资源，仅仅加剧和促成了矛盾。网络结构的部署接管一切，剥夺了亲密的呼吸和生长。最初的那件最重要的外套麻痹了他者的运动。保护它，如英雄的盾牌，必须保护被爱女人免遭强劲对手？

那受到如此保护的人该如何去生活？对于受保护的女人来说，她的未来还剩下什么？在男性领地，在各种浮华的风情卖弄之中，即使她伪装自己，他也会在爱的行为中去"戳穿"这些。想要穿过和僭越男性爱人的语言，她既缺乏身份又没有通行证。她或多或少还可以驯化小孩和动物，套件衣服，使她看起来还像个人？采取主体无意识，不由自主的行为，遮蔽在柔弱中，蜷缩自己，回赠给他的是无拘无束的空间。他从爱中所获取的残留物，就是她紧紧地蜷缩起自身。但什么是她自身的神性？

🍎

对此他言之甚少。他渲染她那渎神的感性愉悦，使她无处申述，与神相对，难道他从未亵渎？光明的"上帝"，"道成肉身"的上帝，生命的上帝——是空气、血脉，儿子的母亲，他带着律法石板"出现"在云端。男性爱人将上帝化入他的话语和彼岸，拒绝宣示未来的自由。他唤起上帝但不在此时此地去感知他，在女性爱人的感性中，他找到上帝又把他弄丢了。在发明中不朽，她一直保有她的亲和力、她的创造力、她的纯洁性。世界的上帝，正在到来的丰产的上帝，他就在女性爱人那里。

当他不再去化约，不再根据他的需要去诱惑她，男性爱人就能为她唤来上帝。正如某种退行，在他眼里，她是孩子或动物？不负责任地，[64] 他就能重新获得他的自由。

正是这光芒——爱的姿态和行为——让人遗忘了女性爱人依然是被爱者，生命那绝对确信的超验激发了她的离弃。在未来，总在重生。让她沉入黑夜，唤起崭新的清晨、崭新的春天、崭新的黎明。新时光的发明？这光源先于并超越了理性的界限。

最初的行动是神的创世？在天与地人满为患之

---

64 见《爱欲现象学》："（女性）爱人之与我对立，并不是像一种与我的意志进行战斗或服从于我的意志的意志；相反，它之于我的对立，是像一种不说真话的、不负责任的动物性那样。（女性）爱人重回缺乏责任感的孩童水平。"出自列维纳斯：《总体与无限：论外在性》，朱刚译，北京大学出版社，2016年，第254页。中译本将aimée译作"（女性）爱人"，根据列维纳斯上下文，"动物性"或"孩童水平"是在描述一种男人眼中的"色情状态"，不同于爱欲现象。——中译注

前。启明先于任何组织,先于对世界定秩。沉思先于可见性。朝向"少于无"并非是无[65],朝向的是光。最终涵纳的是新生的男人。最初的发现外在于子宫,或在新生之中。没有质料就没有理型创造的可能性,光就是机缘,从混沌与缥缈中浮现。

转入黑夜的深度,女性爱人等待着光——这光在话语中闪烁,在言辞中过滤,授予言辞宇宙感,那是被启明的创生的荣耀,也是变形的荣耀?在那里把她交给自然得以重生,使她自身具有生育能力。她自身通过他怀上了儿子,也许(为什么不是女儿,另一个她自身?),但也是通过他和她自身。爱的多产放弃自身,在理性和超理性这边——交给光源。事物没有获得它的空间但保留了可能性。在未来。依然在萌发、生长、显现。女性爱人在培育这多产的性关系(精子?),一条路从隐蔽的黑夜到白日的昌茂。

---

[65] 见《爱欲现象学》:"抚爱寻求的是那尚未存在者,是一种'比无犹少者',它被封闭在逾越将来的地方,在那里沉睡,因此它之沉睡与可能者完全不同,后者会把自己呈交给预期。"出自列维纳斯:《总体与无限》,朱刚译,北京大学出版社,2016年,第248页。列维纳斯强调爱抚之中,此时此地探寻的未来,和时间维度上可预期的"尚未"不同。"无"指将来之事,"少于无"强调不可测度的创造和新生。——中译注

❦

如果被爱女人把自己当作男性爱人的天堂,就会被认为是婴儿和动物,那么这爱的行为不仅是渎神的也是毁灭性的,一种堕落。被爱女人下沉的深度就是男性爱人攀升的高度。爱的行为抵临非同寻常的话语边界,女人就被遭返回堕落的动物或孩子的位置,而男人则到达神圣的狂喜之中。两极无限分离。被爱女人的秘密正是她知道两个极点不知不觉地紧密相连。

在遮蔽之下,她总是秘密地监视着槛界。朝着语言的深度和深渊,朝着降生和创生微微地张开。这取决于男性爱人去寻找,或对陷入变形有所觉察,去震惊于那些从高处未曾被给予的和被揭示的。和她一起引发,而不是经由她,顾及她,她成了这肉身的假设。一再地去重建她的贞洁,而不是让她自身去亵渎和洗劫。再次把她包裹在某些事物之中而不是人性之中?因此,男性爱人并不是把她带回儿童状态,也不是如他那样的动物状态——而是把她带入人类命运之外。这姿态将他自身和她剥离开来,从而返回他的"伦理责任"。

这就是说，当被爱的女人宣示放弃其作为爱人的责任，就是趋附于男性爱人的诱惑。她从自己爱的意愿中抽身出来，以便按照他所要求的意愿练习。在他的伦理学中，她被安排在无意志的位置上。她陷入被爱者的身份中，抹除她自身真实的奉献，把她变成某样她不必成为的东西，不必成为的某些事物。她让自身被攫取而不是给予她自身。她放弃责任，她自己的伦理位置。她被软禁在家，缺乏爱的意志和行动。除了期待，除了疗愈亵渎？陷在深度之中？用她暗自确信的，而不是他的知识，她在自身周围收拾起自己，包扎自己。进展甚微，但能够揭露这件保护她、摆布她的长袍。在舞姿瘫痪处，竟然冒险辞去爱的创造性，除非保留欲求，守护着她所渴望的秘密和源泉。除了隐藏在男人当中的诱惑策略，难道她没有复苏生活的责任？去揭示对他来说令人费解的差异性。

如果回到她自身，在她自身中的自身，以及她自身中的他，她就能体会到另一种帕路西亚的责任。她须创造、引发、承载秘密降生——先于任何孩童的概念。不再伫立于动用神秘之人的阴影中，把握自身，将自身带入敞亮处。去促成爱，先于或多于一个儿子的事物，以及一个女儿。

和男性爱人一道去创造栖居，她的处所。待在那总在退却的槛界处，承担起伦理性遗弃的伤痛，去揭示秘密的未来？倘若他不再将她简单地遣回深度，爱者应该协助她，协助这分娩。这未来的信使，仍然有待建造和思量的未来。为了他者，为了已知的和未知的。为了他者，这秘密的中间人，一种力量，一种能够触及神性的秩序。

偶尔会踏上分离之路，我们又会重聚，再次相连，为了不再疏于关照那些对既成事物的超越。去聆听那未曾发生、未曾发现之地，那召唤就会降临。

欲望和超越性在传统中同时被表征为天使——神的信使。在一些维度中不再是需求，天使不会遗忘欲望和愤怒。

在此，感官愉悦迅速持有超物质的高昂命运，这已经背离了话语。在超验之中从未带来成就和满足。俘获命运，从不宽恕。原罪不可赎回？在语言之外宣示自身，不要顾及理性。超越所有尺度。

对于男性爱人，超越的大他者证成这不忠的爱。切断爱欲，回归上帝。如果不是基于歉疚。

再者，什么是女性爱人？她的慈惠是因为在未来之中走得还不够远，在某一瞬间还不够忠诚，还有待完成，有些残留物。宽恕剥夺，宽恕痛苦的等待，这强调了爱人联盟及其分裂的编年史。双方都充斥着孤绝的循环，再返回他者，也许伤痕累累，但返回也许能让彼此的歉疚得到解脱。让双方都从自身、从他者那里脱离出来。吸引焕然一新，在重归于好的悬念中得到滋养。牺牲不是牺牲，不是哀悼这哀悼那，而是豁免那不完满的。一个时间记号开启了无限，不用回到本原，那在入口处就被剥夺了的目标，那槛界。

玫瑰花瓣的肉身——黏液般再生的感觉。在血脉和液体之间，还未繁茂。快乐地哀吟逝去的冬天。新的春天，新的洗礼。回到亲密的可能性，她是多产的、丰饶的。

时间涌来，和那些计算以及既成的事物紧紧相连。邪恶持续得那么久，如何一下子就修复好了？从初始的纯洁之地召唤他者，没有疤痕，没有伤痛的标记，没有自我闭合？爱他者胜过所有的疗愈修为。

当有人干预这联合的期望，所能做的依然是维持率真，既不是因宽恕而哭泣，也不是为了治愈伤痛去增加男性爱人的负担？

但不正是男性爱人在不停地询问那被爱的女人,以此抹除女人所承载的始源性创伤?敞露的身体,这伤痛不能以她自身来覆盖,也不能在她之中来覆盖,除非爱者与她快乐地联合起来——不是牺牲——而是液状的,是栖居中最亲密的部分。跨越槛界,不是对圣殿的亵渎,是进入另外更加神秘的空间。在此,女性爱人接受并给予的是婚礼的可能性。这狂喜不是征服者攫取般的狂喜,掌控祈祷的狂喜。狂喜返回到纯真的乐园,在那儿,爱未曾知晓,或不再知晓,关于那亵渎的裸身同样一无所知。在那儿凝视依然是无辜的,被理性所限制,白天与黑夜的划分,季节的更替,动物性的残酷,从他者和上帝那里护卫自己的必然性。在袒露中,两个赤裸的爱人偶遇照面,这更加古远,也不同于亵渎。不会被感知为渎神。在乐园的门槛,迎接宇宙家园,大门敞开着。除了爱本身,没有卫士,也没有显示和堕落的知识。

仅凭直观,在已然紧迫之地去直观,不是为了显摆而是为了铭刻自身。善于直观,吸收那空气中已经存在的、来到其自身的事物?

被爱的女人是她，应该以这种方式保有她自身的有效性。把他为其所用的提供给他者？打开返回自身的路途，打开他的未来？把他交还给时间？

当被爱的女人以此觉察到男性爱人，她将自身铭刻在自己轨迹的瞬间了吗？正如他抵临自身的瞬间一样。他深信是她将他拽入深度；她却认为是他斩断了与她的关系，为了成就他的超验。他们的道路交叉，但完成的既不是联合也不是彼此的丰饶。除非男性爱人有个复制品——儿子。

当男性爱人被抛下，孤绝地召唤他的上帝，被爱的女人被贬为内向性，但不是一个人的内向性，而是深渊、动物、婴儿，婚前的。回撤到生命的对立两极，他们没有婚配。他们占据人类生成的对位法之位。一个人看守着创造和基础的实质，但爱的行为又把她们驱散到大地、海洋、空降之光这些元质之中。爱抚她是为了抵临她之中的无限性，男性爱人剥夺了她的触感——一种进入世界的多孔性——把她发落到她的女人性生成退化的地步，女人性总在未来之中。他遗忘了此时此地的多产性，遗忘了性爱：性爱的产生和重生，是爱人们彼此馈赠的礼物。

在性爱中将他人纳入自身，这行为被抹除了。没有机会来哀悼一种不可能的鉴定。在结合之中相互吸引，这也是多产的时机。

若仅以儿子来揭示，多产性[66]会持续伪装其自身，正如差异之中爱人们的多产。作为爱人们——男人和女人——结合的果实，儿子是男人的装饰品，并展列与他自身的同一性，并与其自身相同，他的认同位置与其父亲身份相关。

儿子不会作为爱的满足而出现。也许他拦截了通往神秘的道路？儿子抹除了差异的秘密，丰产才能被担保。正如男性爱人的方法是在自身之外返回自身，儿子闭合了这循环：为了自身的需要，缺乏婚恋的完满，这条孤绝的伦理之路贯穿女性爱人，她无法承担起被爱的责任。

在儿子那里才认识到，爱与感官愉悦证明了男性爱人在差异界限处的脆弱性。吁求他的谱系、他的后路，作为男人的将来，他的视阈、社会和安全感。掉头进入的世界依然是他自己。在自身之中通过自身得以持留，而不是与女性爱人一道栖居，她给儿子的

---

66 "爱欲现象学"接下来的章节是"生育"。——中译注

庇护所除外——在孩子降生之前。

如果男性爱人需在感官愉悦中证明自身,这样做也是为了沉入他自身的他者。压住他自身的暗夜,在生命那理性的栖息地把它掩盖起来,正如他显现,他获得的则是至高飞升的形式。被爱者的身体,男人和女人,经由爱抚抵临,这身体被弃置在婚恋的槛界处。身体没有结合。被爱女人的诱惑作为桥梁,搭建在父亲和儿子之间,她仅仅是他自身的一面,通过她,男性爱人超越爱和愉悦只朝向伦理。

"那作为被爱女人的爱人,在虚弱中如在在黎明中升起。作为被爱者的临在,女人并没有被添加为一个对象和'你',即一个先验的或遭遇的中性形式中(形式逻辑所说的单一性别)。被爱者的临在与她温柔的领地是一回事。"[67]被爱女人的脆弱无力作为男性爱人自爱体验的手段,正如被爱者的无能为力一样。是他现实身体的肉身化。

在肉身的界限里,并没有保留触摸,男性爱人冒

---

[67] 见 Emmanuel Levinas, *Totality and Infinity: An Essay on Exteriority*, trans. Alphonso Lingis (Pittsburgh: Duquesne University Press, 1969), p. 256。(译文根据目前的用法,将 aimée 改译为"被爱的女人"。——英译注)中译本参见《总体与无限》,朱刚译,北京大学出版社,2016年,第246页。此处中译本将 aimée 译作"身为(女性)爱人的爱人"。本译文根据英译文本,有改动。——中译注

险涌入一些致死的存在。他没有与自身的死亡相连，而是将他者置于自我迷失的永恒风险中，一种错误的无限性。

在同一性中，触摸还为他者的再吸收设置了界限。把她的轮廓交给他者，向着他们呼唤她，邀约她活在没有成为他者之地，在此她无须征用自身。

但一个人在最消极的伪装下，在被爱女人的爱抚中遭遇自身了吗？用深情装饰她、占据她？如果必要的话，赠予她非个人化的触感，从他自己的主体性中接受触觉。触觉的难题在于，不能爱抚自身，需要他者来触摸他自身。

这槛界依然消失了。进入栖居最黏连部分的入口。

🍎

深渊被他者不可避免的他异性所圈定。它那绝对的独特性。先于另外超越的任何设定和确认，他异性会受到保护？"上帝"的超验性有助于去发现作为他者的他者，在那里期望保有他们自身。

栖居之地，成了男性爱人身份的矩阵。而她则一无是处？在恐惧或反讽中隐藏对她的弃置，她就会唤起其他的事物来共谋,而不是亵渎、动物性和婴儿状。她召唤——有时处在一种离散状态——那既成的女性气质,不动声色地。不用放弃和违背性关系,她想交出自身。

谦卑并非只存在于一方。责任不该仅仅属于爱人们的一方。让被爱的女人为欲望的秘密负责,主要是为了把她置于被爱男人的处境中——他自身的谦卑和贞洁,对此他不用承担伦理责任。

女性爱人的任务就是看护两种贞洁?她自身和儿子的,男性爱人把他自身依然贞洁的那部分外包出去。当然是为了向内在性挺进。男性爱人在这条道路上寻求自身,在此不能跨越槛界,那就是还未曾有过的,那还在将来之中的。在婴儿状态和动物状态中寻找一些时刻,正是他在自身之中持有的令人费解的诱惑力。唤起幽微的黑夜,既不是返回对母亲的沉溺,也不是对女性秘密的亵渎,而是他自身神秘性的重负。

但是,如果某位神作为他者抹除了对他者的尊重,这神是终极无限的担保者。作为生命和爱的源泉,神性仅仅辅助、推进和他者关系的圆满。给出爱的无畏之勇。没有什么可保留的,鼓励冒着风险去和他者相遇。

上帝的多产在我爱的、这不可算计的慷慨中得到见证,来到我自身和他者一起冒险的风口浪尖。爱的荒唐在于折回到他者的终极面纱,为了在另外的视阈得到重生。爱人们一起成为新世界的创造者。

应该说是爱人们。因为将爱侣定义为男性爱人和被爱的女人,其实已经分派了对立的两极,也剥夺了女性爱人的爱。作为欲望对象,可欲的对象,可称之为黑夜的他异性,或者需求的退行,女人不再是朝着人类景观半开着的她。她成了男性爱人世界的一部分。也许让她自身待在槛界处。对于建造者来说,让她的世界、她的国度的界限被吞噬。在主体活动领域仍然是消极的,主体只希望自身成为欲望的唯一主人。显然,没有她自身为资源,他就被丢在了全部的感官愉悦之中,被贬低了。与儿子的联盟只是他那道路的延续而已。

上帝,正如儿子,如支柱一般服务于男人的伦理旅程,他忘了去担保女性爱人返回自身的光亮中。在把她拖进他极乐的黑夜之前,他望着她,他那退行的婴儿状和动物性。这难道不是处在上帝和儿子之间,他拥有她,又把她作为他者抹除了?是他的超验性,是他与神的关系让她成为亵渎者?

保留了感官愉悦,但对他者一无所知。经由她诱惑自身,沉入深度再返回到伦理的严肃性之中。不是为了和那个尤其负责愉悦的他者面对面,而是在草率的愉悦中逃避责任。一个漠然的堤岸,他从伦理的完整性中找到了平静。

此情此景中,难道不是在操持一种最恐怖的伦理诉求?此时此地,他者的神秘性是一种对抗,它与道成肉身的过去和未来相连。亲密关系要求的是谦卑,甚至是乞求,一种回转。恳请是无言的,在未曾见过的光芒里,超越沉溺再次显现。

交还他者身份的可能性位置,交还亲密关系:重生就是把一个人再次还给纯真。不只有一件外套,一种包覆依然在看护着出生空间——成为他者而不是返回自身。在他者馈赠的自由时空中生成。在其中他重新把我托付给起源,对那已然发生的依然保持陌异。

这姿态比爱抚更加谦卑。一种先于任何爱抚的爱抚,朝着他者,他的呼吸,他的受孕的可能性空间敞开。把他当成他者，迎接他，带着对他周围一切的敬意去遭遇他——如同一个必要的边界，那微妙可触的空间包裹我们彼此，溢出身体的界限，我们的显现是弥散的。一种比我身体自身的"我能"更多的能力。

爱抚在距离中开启。是机智在传达触感和吸引，然后停留在邻近的槛界上。没有麻痹和暴力，从远方而来，爱人们彼此呼应。问候意味着跨越槛界。指认那个尚未被亵渎的爱的空间。进入栖居，进入庙堂，在此，每一个都在邀请他者，或他们自身，来吧，进入神性。

他们的结合没有在最高的和最低的之间做区分，没有黑白分明，双方都经由他者而丰产，并冒险结合，在这些终极位置上召集起来。个人的身体迷失了，"我能"缴械了，没有相互的牺牲，道路朝向未来。爱的创造性并没有放弃对伦理性的敬重。

结合不会忽略感官的愉悦，它探寻极度攀升和垂落的维度。不要去区分这些不同层面的元素，爱人们相遇了，每一次重组和两者的相似性就是一个世界。安顿下来装扮差异。男性爱人和女性爱人的视阈不可化约。

被爱的女人——被称作小孩或动物——依然是她,她音量极高。她的声音传得极远,也是最好的、最强劲的。

落入深度之中,她也就失声了。听不见她的强劲。不知该如何发声。被爱的女人是哑然的,只能在男性爱人话语的辅音之间言说。她被贬为他的阴影、他的复本,他不可能在自身之中理解和辨认这些,在被爱女人的伪装下表现他自身。当下空间为他伪装。在当下淹没他的间距,倾向记忆,女性爱人的颂歌。他将这些运送给深度以便重新绑缚进入超验。宣示和书写。在精神中缺席和等待。她的声音长期隐没了。关键是声音难以保持,这历史须重新发现,通过文本重新揭示。

既不去欲求也不去理解如何在一个他不再是其所是的身体中看见自身,男性爱人在女性他者中显现他自身,他消失在一个神秘的位置上。为了坚守秘密,她保持安静,不再歌唱、不再欢笑,她的声音会出卖了她。必须揭示这一点,她不是男性爱人所想、所探究的那样。经由她并轻视她,她仅仅是他探寻的一个幌子。

在帕路西亚之前,沉默就发生了。沉默预演了遗忘,靠音乐来填补。音乐,女人歌唱和呼唤爱人的声音依然在消逝。它曾被装置的噪音扼杀了,天性的狂野被弃置在风月之中。

除非她伪装自身,扮成天使?天使或许没有性生活?在新妇和圣灵的言说之间有种间隔?既不是这一个也不是另外一个在表达自身,除非通过天使命令的中介。

对帕路西亚的期盼,意味着性伴侣之间言辞的消亡。预言了上帝的消失,无边混沌的恐怖场景。崭新的圣灵降临的希望?在别样的欢愉中圣灵来到新妇面前。

女人性作为原因依然在寻找自己的原因,但从未这样思考过。总是被贬为另外一种根据。最好在质的方面予以界定。女人总是作为动词的形容词和装饰音,从来不会成为主语。

逻辑在动词和名词之间保留自身。抛开了形容词?行为和结果之间的一种介质。吸引之地?正在相爱与爱之间应该是被爱者的位置——男人或女人。那可爱的,在他/她的温柔之中贯通着。

两种哲学式的爱应该共同奠基,共同揭示,共同环绕去发现自身:去行动,去建造行为的本质性。一个时代完结了。在被爱女人的品质中仅有部分的开放被记取。仅仅是她消极的显现或属性? 除此之外,她依然保持守护,正如他们抗拒被纳入实体。

被爱的女人想传达一种还没有被固化的感觉吗? 这感觉没有坚固的命名,没有完成署名,没有名词? 安置在行为和作品之间揭示未来,男性爱人所理解的不是爱的作品,而是感性的光芒。作为个性存放地,男性爱人在被爱的时候,乏善可陈,被爱女人的意义就来自这种比无更少,一种替代物,没有闭合自身。她被带入不属于她的世界,男性爱人才能享受自身,朝着自闭的超越从而获得勇气。吁请一个已经被铭刻但静默的神,难道是她允诺他不用在性行为中建立伦理位置? 诱惑者被大他者的力所牵引,却漫不经心地接近女性他者,他占取她的光芒,照亮的却是他的道路。不去关心究竟是什么在他们之间闪烁。不管他是否愿意,知道还是不知道,他利用神性之光去照亮理性,或"神"的不可见性。

同时，从被爱女人那里获取她提供的可见性，他更强大了，然后再把她遣送回黑暗之中。他窃取了她的凝视，她的歌声。她那道成肉身的神性魅力——在光亮中，在宇宙在他者的沉思之中。神性揭示出在这样的维度上是可以接近感性的。那已经临显的和仍在到来的，这美在召唤心灵？半开着的。一个槛界。在过去与未来之间，男性爱人窃取她的欲望以便装点他的世界——先于爱——照耀他的欢悦，随着完满的光芒为他的攀升助力，而这不会出现在相遇时刻。结合或婚恋至少破裂了两次。在那样的爱欲之中，"人"的肉身不值得庆贺。

不去考量他自身的界限，不去在意牺牲的姿态，男性爱人穿透他耗散且圆满的肉身。没有惠及习俗和言辞，他"获取圣餐"。他被虚无吸收——除非这是他的大他者？没有可觉察的过渡，这掠夺无迹可寻。不就是为了被爱女人的精疲力竭和痛苦，她被化约为婴儿状态，被交托给她自身或她动物般的蛮荒。

混淆彼此，把他们绑定在同一种逻辑中，男性爱人忽略了彼此之间这不可化约的陌异性。在这一个和那一个之间。他接近他者，把她化约为在他自身之中的非人性。感官愉悦就不可能在人的领域发生,也没有其创造。这既不是伦理也不是美学。

🍒

当女性爱人相信对方超越其可能性的界限,她就会看低自己,最终被遗弃。当她打开自己朝向存在的亲密之地,朝向内在性最深处,但又无法触及的时候,她就返回她自身最崇高的部分,不停地被黑夜所征服。她邀约栖息,这逗留召唤起在感官领域的秘密深度中融合,而不是作为女人被自身玷污了。

被爱女人的面容照亮了男性爱人所碰触的秘密。焕然一新熠熠生辉,沐浴在新的视阈中,超越意图,没有刻意的处置,她的面容表达了那被遮蔽的。它充满了那不可说的但不是虚无——感谢不再和未曾。为事物塑形先于任何语言的贯通。正如植物的生长、动物的期望,雕刻家的泥坯。一种美学原型还没有产出结果,就被认为是完成所有姿态的先决条件。

这爱抚发现女性爱人还未绽放。因为是他者,就不能被期望。超越我们自己的局限,去接触他异性那不可预测的属性。超越"我能"的局限。他者的临在性不可化约，却被推迟到未来的某个时间，无限期地悬置了帕路西亚。他者依然有待来临，仅仅存留在男性爱人的自爱中，他让其自身被爱。是他辞掉了女人的伦理，这伦理是开放性的，是另外的槛界。

爱的行为既非引爆又非内爆，而是置身其中。让自身置身其中，与他者一道置身其中——相应地也放任他者。记住让他者如其所是，让他者与世界同在。记住这行为不是简单的能量释放，而是为了独特的强度、感觉、色彩、旋律。这强度将会将建造起栖居的维度，并永远处在过程之中。没有完结。在相遇时刻，在相遇的过程中揭示其自身。

如果被爱的女人被贬为婴儿和动物，爱就不会在此栖居。爱也不会在男性爱人那里，因为他欲求的是超验性的伦理。他只为怀旧奠基，为不可接近的爱的此地和现在，为感官愉悦奠基？

在行为中，愉悦不再被感知为权力的范例。当与权力范例相关时，据说这是一种自身的解脱，可以驱散和稀释我们的存在——他在俯视这逃避。这表明存在的狂喜被截断了，在过去和未来之中，这也不是超越命运的完满。因为情感,我们的存在才是自由的。不是被感知为间歇,一个间歇症发作者不能保证其承诺,只能产生失望和欺骗。注定会因无力测度需求的紧迫性而羞愧。不再依赖于它所期望的。不再处于伦理之中。

在展示当下喧嚣之前无话可说,除了我们自己的空洞,一个人应该保持无动于衷,朝向新的价值和视阈,无须掉入陷阱,退回那曾见过的、已然知晓的。一个人要着别的东西总是不耐烦的,但这不耐烦表达着另外的意思,正如这有趣的哭喊,他要着我不再想要的。我要着他所要的,在他的渴望中丰富我自己,在此处这样做是为了放弃我的道成肉身。

他者咄咄逼人的吁请,让我了解到他再也无法忍受意愿的悬置。他渴望着我的渴望。他试图破坏这渴望,为了回避渴望的发生之地——他吁请无限性,不得安宁,变本加厉。他须承受分裂的重负,若我与他交流,只能确保神秘的绝对性而不是抛开神秘。比如,退化滋长的要求。

双方的活处在紧要关头。只有尊重界限,且就在当下,才有可能有一个未来。如果我的渴望不是回到难以确定的他者的渴望。让我朝向质询，而不是将我纳入对虚无的欲求，除非默默抑制我所是。为了依赖他自身而存在？

有人一定会说，去死？去创造，在我的处所创造他自身？这怎么可能，从一开始双方都是荒谬的并坚持自己的显现，这暴力就削去了我的灵感。这样一来，他就不可能发现源泉了。

遗忘了我作为欲望主体的存在，他者将他的需要转化成了欲望。一无所求——否决他者的意愿，就会成为一种非意愿。除非欲求着超越——和大他者同一。

就此，感官愉悦发现自身的漂浮，永远的漂浮。变形、变化、复活总让人心烦意乱。无尽的替代品和临显的澄清，没有帕路西亚面具正在滑落？在展示之下是被掩埋的启明能力，但不是指返回动物性和婴儿状。

难道不是男性爱人把自身的不可见性强加给被爱的女人？使得他避免成为他之所是，避免遇到她，她自身？把她捆绑在他自己也无法承受的自我认同之中，悄悄地把她放置在母性位置上。一种宿命，玛雅人，隐没在确定的地层中。又一次，一张他无法冲破的网，为了撕碎它，他强加在她身上——修饰性地。他什么也没发现。如果她像小孩或动物那样服从了，华服掉落，那么上帝就更加超验了，不可接近，难以触摸。

也许不是无穷小，而是我们与死亡的距离不可穿透，这发生在与女人的接触之中？因此女性被同化为他者？触感，这重要的槛界被遗忘了。

我的关注点和他的开放，而不是徒劳的驱散，建立起可能的栖居。回到事物本身，保护我直到下一次相遇。一处庇护的家园，没有囚禁我，没有把我与他者捆绑和放开，就像一个协助我建造和安居的人一样。从僵死的融合中放开我，通过那个能建造居所之人的确认来和我婚配。我快乐的存在就是材料，所有材料中的一种。

需要建筑师。美的建筑师为极乐赋形——最精美的材料。当尊重趋近、槛界和强度时，顺其自然并用其建造。促成它显现而不是展现强力。只是一种伴奏？从其所是地揭示自身。如其所是地触摸自身，并与它本身保持联系。这一定是固本扶元的。自在地去活是为了活在一起。抵临栖居的中心是为了相依而生。中心总在运作之中，逗留不会匮乏。可定性的槛界让爱持久。爱人们的忠贞？当他们忤逆的时候，槛界就耗尽了。肉身的居所，好让他们记住彼此，惦念彼此——哪怕各在一方——但这居所被破坏了。

去吧，在生成的强力中逗留，依然挽留和坚持，还是得放开他者，这是女性爱人必须投下的赌注。没有退缩，但又逗留在不可忘却的自我缠绕中。围绕肉身的记忆，那就是重生，一次又一次。围绕她自身的敞开和散播中的自行驱散，再次滋养。散播就是一种丰产，若独特的她唤起不可能的记忆。留意那总是被圣化为深度的时间，那漂浮物，那无限的替代品。

依然保留那古老的子宫居所并相信大他者。在盲目怀旧与伦理张力之间，男性爱人经由被爱的女人对自身爱恨交加——那被爱的男人。经由他者，他既迷恋又拒绝他自身，当然他不是动物也不是婴儿。

难道触摸的记忆总是被感觉所伪装，忘记了它的来处？通过掌控在制造距离，并建构起丰碑一样的对象，以此替换主体的消失。

触摸的记忆？最能坚持的也是最难进入记忆的。那撤返之人需要明确的是：开端和终结都无法修复了。

肉身的记忆，在还未书写之时就已经铭刻了，解除了？还没有话语来包裹它自己？还没降生进入语言？有个处所已经被占取，但没有语言。感觉，在最初的时刻表达自身，在沉默之中向他者宣示自身。

记得这些，期望他者也记得。记忆乃寄身之地，如卧床与巢穴，等待他者的理解。为他造个摇篮，从里到外给他自由，在记忆中保存自身，记住那些揭示自身、敢于行动的勇气。

任其摆布，向自由发出邀请，并不意味着他者也想要如此。在你之中和你一起活。

遥远的，潜在的。避免相遇，逃避趋向于肉身界限的表达。依然保持距离，为了毁坏我们的可能性？

取消他者，在身体的边界迷失。还原他者——即使这意味着为了大他者消耗肉身？在两种记忆之间，一个是对他者临在或事件性的期盼与尊重，一个是在同化中驱散自身，有些事物缺失了——作为纪念物，肉身幸存在能量和动力之中，幸存于铭刻之地，幸存于依然纯洁的力量。

一个人须具备某种品味？一个人并不存在于，或天生于某种滋养物中。一种情感的品味总是与他者相关并为了他者。这品味不应该保存在晦涩的怀旧之中，而是应该关注其自身的遗忘。心意圆满是不可能的？难道没有排除任何人都可以感受到的欢愉，不用去理解和处理它？在身体和肉身的微妙之间——是可能相遇的桥梁或处所，在此联合，一种非同凡响的景致？

祝祷牺牲的芬芳，以及拜物的做作无关紧要。先于言辞的建构，先于对任何偶像甚至庙堂的神化或破坏，总有些事物不可还原为话语的难以言表，并将自身以自己的方式保存在对他者的感知中。

他者不可转变成话语、幻觉或者梦幻。对我来说，去置换任何他者、事物和上帝都是不可能的，对于他者，我的身体记得的是他的触摸。

对于痛苦的分离，默默地确认，但我会以拒绝毁灭的方式来应答，为了我自身也为了他者，肉身就是最亲密的感知，肉身躲避任何牺牲的替代品，躲避话语的收编，躲避对上帝的服从。在我自身和他者之间有某种气息或预感，作为临近之地，肉身的记忆意味着对道成肉身的伦理忠诚。去破坏就是去冒险抑制他异性，包括上帝的他异性和他者的他异性，从而消解任何通往超验的可能性。

译后记

大概十年前,我为了准备《性别之伤与存在之痛》的写作,接触到了伊利格瑞的英文文献,被这位纯粹的女性主义者所折服。作为试图推进女性主义理论的汉语研究者,这位女哲学家给予我很多思想营养和思想勇气,尤其在最困难的哲学纽结处。比如,关于性差异的本体论,尽管海德格尔、梅洛-庞蒂和德里达等男性哲学家有所触及,但只有伊利格瑞在理论上鲜明而确凿地将系词存有(be)改写为性差异,并生动而严密地展布出女性主义和形上学批判的积极对话。

当然,萌生翻译伊利格瑞的念头一直伴随着我,毕竟翻译不是我的本职工作,但她有力而智慧的言说,尤其是那种在肉身经验缝隙中游走,并如天使般穿越不同空间、传达伦理"好消息"的力量,让我深信她的作品和我母语的耳朵有某种天然的亲和力。伊利格瑞的中文译本目前有她的博士论文《他者女人的窥镜》和繁体版的《此性非一》[1],可能还有我不知道的译本正在进行中。让这位最具创造力的法国女性哲学家用中文说话,这件事情本身就充满挑战和魅力。谢谢这些同行!

那些优异的哲学译者大概都能理解巴别塔的故事,语言的障碍如何辩证地生发出新的事物,并让人们进入彼此的世界,恰恰是在无言的层面,我们人类往往保持着"会心一笑"的一致性。而哲学不管用什么语言表征,都在从事这样的艰辛工作。因此哲学作品的翻译不意味着词典意义上的精确性,正如今天的翻译软件不可能恰当译出康德或黑格尔的作品一样。哲学自身就在跟语言搏斗,另外也并非俗见所以为的那样,汉语并非和严密的哲学语言格格不入,恰恰相反,正是那些优异的哲学译著,唤醒了我们母语的哲学能量,比如"时-间""空-间"的汉语双音词就是非常精准的哲学表达,再比如"遥-远"正是距离的有限

---

[1] 另有中文译作《二人行》(*Être Deux*),吕西·依利加雷著,朱晓洁译,生活·读书·新知三联书店,2003 年。吕西·依利加雷即露西·伊利格瑞。——编者注

性和无限性的辩证显现。

现在这本小译著只是本人的第一次翻译练习,在此过程中,我体会了个中意味的艰难险阻:这和作为学者日常工作的外文阅读完全两回事,更关键的是,我的中文能力受到严重挑战。我开着母语的航船,颠簸在各种理论、学说和哲学思想奔涌的大海上,我的安全助手就是特约编辑段秋辰小姐,她一次次举起红牌说:字典上没有这个意思!语法语法!这一段漏译了。我只好老老实实,既要留意航向,又要监测各种机械故障,一点点调整和修改。在大多数情况下坚持我的译法,在我坚持的地方告诉编辑理由,比如designation,我译"登录",这和作者的精神分析背景有关,这样的例子很多。谢谢段小姐的细致和谨慎,也感谢南京大学出版社的编辑们,他们不厌其烦的提醒弥补了我的粗心,但我的翻译立场不变,这就是拒绝僵硬累赘的翻译腔,我热爱我的母语。因为译者本人外语能力的有限,这本小习作肯定存在着错误、不足和粗陋之处,敬请亲爱的读者批评指正。

不管怎样,现在,当代的"爱欲导师"伊利格瑞在用中文说话了。你听见了吗?

2021年冬于上海